海洋中的生命

THE HANDY OCEAN ANSWER BOOK

古代海洋、生命之洋
海洋哺乳动物、鸟类和爬行动物
鱼类和其他海洋生物、海洋世界

[美] 托马斯·E.斯瓦尼

帕特丽夏·巴尼斯-斯瓦尼　/著

曹蕾　侯新鹏　　　　　/译

上海科学技术文献出版社
Shanghai Scientific and Technological Literature Press

图书在版编目（CIP）数据

海洋中的生命／（美）托马斯·E. 斯瓦尼，（美）帕特丽夏·巴尼斯-斯瓦尼著；曹蕾，侯新鹏译. 一上海：上海科学技术文献出版社，2017

（美国科学问答. 第二辑）

书名原文：The Handy Ocean Answer Book

ISBN 978-7-5439-7239-1

Ⅰ.① 海… Ⅱ.①托…②帕…③曹…④侯… Ⅲ.①海洋生物—普及读物 Ⅳ.① Q178.53-49

中国版本图书馆 CIP 数据核字 (2016) 第 282044 号

The Handy Ocean Answer Book

图字：09-2014-267

责任编辑：李 莺 王 珺
封面设计：周 婧

丛书名：美国科学问答
书 名：海洋中的生命
[美]托马斯·E. 斯瓦尼 帕特丽夏·巴尼斯-斯瓦尼 著 曹蕾 侯新鹏 译
出版发行：上海科学技术文献出版社
地 址：上海市长乐路 746 号
邮政编码：200040
经 销：全国新华书店
印 刷：常熟市人民印刷有限公司
开 本：720×1000 1/16
印 张：10.5
字 数：177 000
版 次：2019 年 2 月第 2 次印刷
书 号：ISBN 978-7-5439-7239-1
定 价：25.00 元
http://www.sstlp.com

前 言

对于我们这些生活在内陆的人来说，要了解世界海洋并不那么容易。体量巨大的水体占据了全球表面积的70%，体积达13.8亿立方公里。到目前为止，地球是太阳系内唯一已知具有这么多水的星球。

即使那些住在陆地中央的人们，也受到这些一望无际的汪洋直接或间接的影响。比方说，阳光加热了海洋表面，蒸发的水汽形成了云，结合空气流动形成了气候系统。太阳的热量还搅动了表层海水，形成了海浪和海流，冲刷出海岸线。海水温度的季节性变化相应地增加或降低了海洋有机物的数量，其中包括许多人类食用的海产品。

最重要的一点，没有海洋，就没有生命。数十亿年前，正是在海洋中诞生了生命。最初的生命也许出现在浅水中，也许出现在深海的热液喷口附近，无论是哪种方式，生命在水中进化，最终抵达海陆交汇之处并登上了陆地。我们所有的陆地和海洋生物种群，有着共同的起点，那就是大海，这多么不可思议啊！

对多数人来说，海洋壮美而令人敬畏，有时也危及生命，同时也难以理解。海洋对人类来说充满未知，原因也许很明显：除非潜入水底，我们看不到水下的情况，而且由于生理结构的现实，人类没法潜得很深很远。我们只能接触和探索庞大水体的边缘部分，而且就目前来说，人类只能闯入相对有限的深度。如许多人所说的那样，地球海洋深处的世界，对人类来说不啻于一个外星球。

《海洋中的生命》这本书，正是着眼于这种陌生感，来填补读者对世界最重要部分的认识空白。本书的内容回答了关于海洋的最常见问题，涉及从海岸到大洋的各种特征和生命。在书中，我们探讨了海洋的物理属性、海洋生物等诸多问题。

许多人把海洋称为最重要的自然资源。许多个世纪里，海水为人类提供了丰富的食物，从数不清的鱼类到各种海藻。但同时，人类也作用于海洋：过度捕捞、开发导致的海岸侵蚀以及威胁自然生态的污染。我们需要在未来保持海洋的生态平衡,如果我们想生存下去,就必须继续依靠海洋以及它的丰饶。

海洋有许多秘密有待解开。比如,在最深的海底发现了什么样的生物?有多少被认为已经灭绝的鱼类仍然存在?什么物种对于珊瑚礁的成长最为重要?在北极最冰冷的海水中,微生物如何生存?还有其他涉及人类与海洋的联系与相互依存关系的问题。比如,浮游生物(在海洋食物链中最重要的生物之一)能否承受环境变化包括臭氧层空洞的压力?人类能否继续从事海洋捕捞且同时保持海洋生物和环境之间的平衡?科学家希望在不远的将来回答这些问题,不但能用更好的技术让人类潜入海底并停留更长时间以探索海洋,还要通过新的卫星技术观测全球海洋,实时追踪变化。

我们希望这本书能够描绘一个水下世界,让您获得知识、受到启发,也许还能够激起您足够的兴趣想要探索更多关于海洋的奥秘。海洋,是一片神秘且很大程度未被探索的领域,是生命诞生的地域,也是我们未来生活的一部分。

目录
CONTENTS

目录

古代海洋

地 质 年 代 表

▶ 什么是地质年代表？

地质年代表是科学家用来计算地球历史的工具，其时间跨度从大约45.5亿年前地球形成到现在。年代表上主要的划分出现在寒武纪（古生代开始时期）以后。这是因为地层中主要的化石标本是这个时期以后出现的，当时海洋中的生物蓬勃发展，被称为寒武纪大爆发。

▶ 地质年代表是什么样子的？

下面是地质年代表的一种形式（各国的地质年表有不同的日期和项目分类）。

宙	代	纪	世
显生宙（开始于5.44亿年前）	新生代	第四纪（180万年前至今）	全新世（11 000年前至今）
			更新（冰川）世（180万年至11 000年前）
		第三纪（6 500万年至180万年前）	上新世（500万年至180万年前）
			中新世（2 300万年至500万年前）
			渐新世（3 800万年至2 300万年前）

宙	代	纪	世
显生宙（开始于5.44亿年前）	新生代	第三纪（6 500万年至180万年前）	始新世（5 400万年至3 800万年前）
			古新世（6 500万年至5 400万年前）
	中生代	白垩纪（1.46亿年至0.65亿年前）	
		侏罗纪（2.08亿年至1.46亿年前）	
		三叠纪（2.45亿年至2.08亿年前）	
	古生代	二叠纪（2.86亿年至2.45亿年）	
		石炭纪［3.6亿年至2.86亿年前；中间又可以分为宾夕法尼亚纪（3.25亿年至2.86亿年前）和密西西比纪（3.6亿年至3.25亿年前）］	
		泥盆纪（4.1亿年至3.6亿年前）	
		志留纪（4.4亿年至4.1亿年前）	
		奥陶纪（5.05亿年至4.4亿年前）	
		寒武纪（5.44亿年至5.05亿年前）	
前寒武宙（45.5亿年至5.44亿年前）			

▶ **谁第一个划分了地球的漫长历史？**

威廉·史密斯，是一名英国的运河工程师，他是第一批划分地球漫长历史的人之一。他于1815年绘制的英格兰和威尔士地质图建立了一套实用的地层系统。所谓地层是关于地壳分层的地质术语。地层是地质年代表的基础。史密斯的研究表明英格兰特定地区的中生代岩层可以通过特定的化石来识别。

现已发现绘制于1820至1870年之间的国际地质年表，在大约1840年左右已经有了将地质时代划分为古生代（"古代的生活"）、中生代（"中年生活"）和新生代（"最近的生活"）的标准。到了19世纪末，地质年代被进一步细分为纪、世、带（现通常被称为"期"）和其他分带（通常称为"分期"）。到了20世纪中期，地质年代划分更精确，科学家开始利用放射性测年技术来确定岩层的绝对年龄。

早期植物的化石，可以追溯到泥盆纪时代，或者在4 100到3 600万年前。（CORBIS图片/詹姆斯·阿莫斯）

▶ 如何直观地了解地质年代表所表现的内容？

地质年代表反映了数十亿年的时间，其跨度几乎超出了人类的理解。要想了解其所代表的时间含义的最佳途径之一是作家约翰·麦克菲在他的著作《盆地和山岭》中所建议的：你可以直立平伸双臂，地质年代表所体现的地球历史长度就是从你的左手指尖到右手指尖的整个距离。想象有人用指甲刀锉一下你右手中指的指甲，其代表的就将是人类出现在这个星球上的时间长度！

▶ 地质年代表使用的单位有哪些？

地质年代表使用大约六种时间单位，它们并不精确，仅仅是试图考察地球历史的方式。这些单位包括：宙、代、纪、世、期和分期。宙是地质年代表上最长的时间单位，在有些范围内，它被定义以10亿年为单位。代的单位比宙要小，通常可以划分为二至三个纪，纪是代的组成部分，世是纪的组成部分，期是纪的组成部分,分期(尽管不常使用)则是期的组成部分。

▶ 地质年代表上的阶段代表什么含义?

地质年代表并不是对地球自然历史进行随意的划分。年代表上各阶段之间的特定界线代表着该阶段和其他阶段之间的变化或重大事件。在大多数的情况下,不同阶段间的界线代表着重大灾变或在这段时间内生存的动物或植物发生的重要演化(包括特定物种进化)。

▶ 什么是显生宙?

显生宙代表从5.44亿年前到目前的时间,这期间化石记录变得十分丰富。显生(来自古希腊语)可以粗略翻译为"丰富的生命"。显生宙包括古生代、中生代、新生代的时代。

▶ 科学家怎样划分前寒武宙?

前寒武宙(45.5亿年至5.44亿年前)被分解为不同阶段,这往往取决于不同国家的划分标准。下表显示了两个被普遍接受的前寒武宙分段标准。

前寒武宙分段(版本一)

文德纪	6.5亿年至5.44亿年前
元古宙	25亿年至6.5亿年前
太古宙	38亿年至25亿年前
冥古宙	45.5亿年至38亿年前

前寒武宙分段(版本二)

元古宙	后期——9亿年至5.44亿年前
	中期——16亿年至9亿年前
	前期——25亿年至16亿年前
太古宙	45亿年至25亿年前

▶ 什么是前寒武宙?

前寒武宙是地质年代表上时间跨度最大的时期,从54.4亿年到4.55亿年前约占地球历史的八分之七。这阶段几乎没有化石留存,因此,一般来说,科学家把许多事件都包括在该时间段内。例如,这一阶段包括地球的形成、地壳的出现、最先出现的板块及其运动、地球上最初的生命以及富氧大气层的演变。在前寒武宙的最后阶段,第一种多细胞生物,包括第一批动物开始在海洋中进化,这标志着显生宙的古生代开始。

▶ 什么是古生代?

古生代由发生在动物界的两件大事划定:第一件是在这个时代的开始,多细胞动物经历了数量和种类上的大发展(这被称为寒武纪大爆发),在几百万年内,几乎所有的现代动物种群(门类)都出现了。在古生代时期(大约持续了3亿年),动物、植物和真菌开始在陆地上繁衍,昆虫则开始占据天空。古生代内的许多时期之间的松散划分都以这些事件为基础。第二件是古生代的结束(以及二叠纪的结束),是以地球历史上规模最大的生物灭绝为标志的,这一事件被称为二叠纪大灭绝。这一事件消灭了地球上大多数的生物,包括90%到96%的海洋动物种类。

▶ 什么是中生代?

古生代结束后,中生代开始并持续了大约1.8亿年。中生代以另一次大灭绝而告终,包括恐龙在内的50%的地球物种随之灭绝。根据地质年代表,随之而来的是新生代。中生代时期,地球上的陆地植物发生了巨大变化。古生代早期,蕨类、苏铁、银杏等植物大行其道。在古生代中期,诸如松柏类的裸子植物(常绿)开始繁茂。在古生代末期的白垩纪中期,最早的开花植物(被子植物)替代了其他许多植物。这一时期也是动物大分化的时代,两栖类得到进化,然后演变出爬行类,再然后又演化出类哺乳类的爬行动物。在中生代时期,恐龙是陆地上占据统治地位的动物种群。在海洋中,包括鱼龙和蛇颈龙这类的爬行类也占主导地位。

▶ 什么是新生代？

新生代是地质年代中最晚近的时代，时间跨度大约只有6 500万年。新生代始于中生代末期的大灭绝，并一直延续到今天。这一时代有时被称为哺乳动物时代，但实际上也可被称为鸟类、鱼类、昆虫和开花植物的时代，所有这些生物种类在过去6 500年间在种类和数量上都获得了巨大增长。新生代被划分为两个主要时期：第三纪和第四纪。当前时代属于第四纪。

▶ 什么是相对地质年代？

相对地质年代是用来测定岩石和化石大致年代的一种方法。它是基于一条岩层相对于其他岩层的位置来断定年代，因此这种判断只是相对的年代，而非绝对的年代。在19世纪，科学家用这种方法判断岩层的年代，并制定和发展出最初的地质年代表。

▶ 什么是绝对地质年代？

绝对地质年代是断定某一岩石的（近似）真实年代，也就是说该岩石是在多久之前形成的。绝对年代使用辐射测量工具（辐射测量仪是测量地球上岩层放射性剂量的仪器）来计算，并且用来增强地质年代表（这是一种相对年代表）时间跨度的精准度。这种测量绝对年代的技术在20世纪20年代以后才得以完善。

化 石

▶ 科学家如何确定我们星球上曾经的生命的历史？

科学家用来确定我们星球的历史——无论是生命的历史还是进化的历史，最有用的线索之一是化石。保留在岩层里的数百万年前的化石记录，能够让我们理解过去以及我们未来发展的方向。如果没有化石，我们将对地球庞大而多样的历史全然无知。

▶ 什么是化石？

化石是植物和动物保留在地球岩层中的遗骸。化石通常接近生物原来的形状。化石（fossils）来自拉丁语"fossilis"这个词，意思是"挖出来"。化石有许多种类：生物的遗骸以及该生物死亡时所处的环境决定了化石形成的种类。多数人熟悉的化石是由生物体坚硬的部分，比如牙齿、贝壳或骨头，在岩石上留下的印记所形成的。但是动物和植物同样可以在除岩石以外的物质中得到保存：化石可以在冰、焦油、泥炭、古代树木的树脂中被发现。化石的形成过程直到今天仍在持续，无论在陆地还是海洋，只要生物体死亡后被迅速掩埋，就可能形成化石。

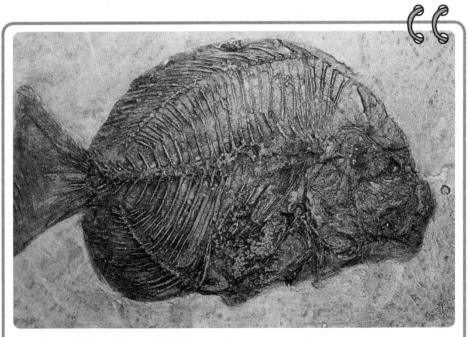

5 000万年前的一种灭绝了的细鳞白鲳类鱼的化石印记，被发现于意大利维罗纳。（CORBIS图片/萨莉A.摩根；依考森纳）

▶ 化石是怎么形成的？

化石有很多形成方式，取决于遗骸的类型和生物死亡的环境。通常的过程是动物的坚硬部分（比如骨头、牙齿和壳）或者植物的种子、木质部分被陆地或海洋底部的沉积物所覆盖，这些沉积物可能是沙子也可能是淤泥。在数百万年时间里，越来越多层次的沉积物聚集，将生物的遗骸深埋在底层。层层累积的沉淀物的压力导致沙或淤泥最终变成岩石，这一过程被称为矿化。生物的遗骸经常被矿化过程改变化学属性，成为岩石本身的一部分。同样的过程也产生了硅化木、粪化石（硅化的粪便）、印模、铸型化石和痕迹化石。

▶ 矿化和化石化是一回事吗？

不完全是一回事。对古生物学而言，矿化是化石化的一个过程，在矿化期间有机部分被无机物（矿物质）所取代。

▶ 什么是印模和铸型？

印模和铸型是化石的两种类型，是指动物或植物的坚硬部分（有时候也包括柔软部分）在被掩埋和腐烂后留在岩石中的印记。印模是岩石里中空（蛀蚀）的印记，如果印模中填充了沉积物，通常会变得坚硬，就形成了相应的铸型。

▶ 什么是痕迹化石？

并非所有的化石都是坚硬的骨头、牙齿、壳，或者印模和铸型。有些化石是痕迹，即生物曾经在土地上爬行、行走、跳跃、挖掘或者奔跑而在松软的沉积物上留下的物理痕迹。比如，小型动物为了寻找食物可能在海底的淤泥中挖掘分支的隧道，随后这些隧道被沉积物所填充，并在数百万年时间里被更多层的沉积物所掩埋，最终固化，形成了痕迹化石。痕迹化石也包括动物脚印，比如，恐龙的脚印留在河岸边的软泥上，随后被沉积物填充，沉积物最终固化形成了足印化石。今天，我们看到的痕迹化石是很久以前生物活动的结果。很多痕迹化石的发起者(换句话说,就是创造这些痕迹的动物)是无法识别的,因为有时候并没有这些生物的坚硬化石留存下来,只有这些痕迹表明它们曾经走过。

▶ 什么是埋藏学?

埋藏学是研究生物体被掩埋的方式以及动植物遗骸起源的一门学科。通过埋藏学知识,科学家试图根据化石提供的依据"重建"某种动物或植物。但是,由于下列原因,这是一门非常难的学科,受到许多变数的影响。

腐食和腐烂:一只动物死后,腐食者(鸟类或其他动物)会从尸体上取走软肉。没有被吃掉的坚硬部分则开始腐烂。腐烂的速度根据环境不同而变化,在潮湿气候中腐烂得快,在干旱气候中腐烂得慢。坚硬部分(动物的骨骼、壳或者纤维结构)在风、水、阳光和周边环境中的化学物质作用下进一步减损。如果坚硬部分(通过风、水或阳光作用)被彻底销蚀掉而没有被掩埋,则不会形成化石。通常化石都是某一动物或植物的坚硬部分被部分消蚀后形成的,这使得科学家

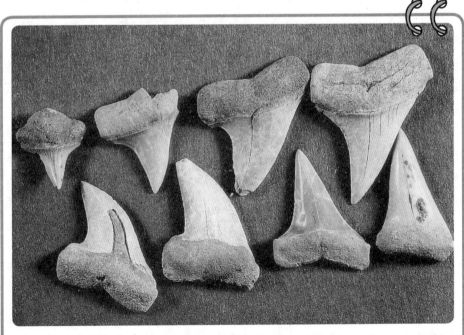

动物坚硬的部分(如骨骼和牙齿)能成为化石,这是八枚鲨鱼牙齿化石。(CORBIS 图片)

泥盆纪中期的海星化石，陈列在黑山研究所，南达科他州希尔城。（CORBIS图片/莱恩·肯尼迪）

难以通过化石复原生命形态。

位置：如果一只动物死亡后被迅速掩埋，其机体就更容易作为化石保存下来。海洋为化石化提供了一个良好的环境，因为生存期间的生命很容易在死后被沉积物迅速掩埋。但如果一只动物死于某种脆弱或快速变化的环境中，其骨骼和其他坚硬部分会破损或散失。例如，洪水能够冲走骨骼，当水退去，骨骼遗骸可能会散落在各处。但是，洪水也有可能通过将骨骼冲到一个更有利于保存的环境中，比如河流的沙洲中，从而增加化石化的机会。

快速掩埋：形成化石的最好办法之一就是快速掩埋。如果一个生物的遗骸被沙或淤泥迅速掩埋，氧气量就会减少，从而减缓腐烂速度。同样，海洋底层是理想地点。但是即使快速掩埋也不能确保形成化石，当越来越多的沉积物聚集在骨骼上方（或生物的其他坚硬部分），来自层积的压力可能会损坏这个遗骸。酸性化学物也同样会渗透到沉积物中，导致骨骼（或其他坚硬遗骸）被分解。

化石化：影响化石形成的另一个因素是化石化的过程。包围生物遗骸的沉积物（比如沙或淤泥）必须要转化为岩石，这是通过层积的沉积物的压力作用实现的。同样，包围遗骸的沉积物还必须经历脱水的过程。最终沉积物颗粒会胶结成我们称之为岩石的坚硬结构。当岩石内部空间被矿物质（比如碳酸钙或黄铁矿）填充后，遗骸本身就可能会重新结晶（形成生物遗骸的铸型）。

暴露：为了研究珍贵的化石，科学家必须先发现包含化石的裸露岩石。（换言之，某些化石痕迹被掩埋、隐藏在人们看不到的地方。）化石可以通过地面隆起（会将包含化石的沉积岩展示在地面上），或者通过风、水流甚至地震对地形的侵蚀作用，或者通过人类的土地开发活动（比如，修筑道路可能会显示化石存在的岩层）而暴露出来。

▶ 为什么化石记录中会存在空白？

化石记录的空白最经常是磨损的结果。岩层包括镶嵌在其中的化石，可能会因为风、水和冰的作用而被销蚀。空白也有可能是因为造山运动（大片土地"向上顶起"而形成山脉的过程）破坏了化石。火山运动也能够掩埋化石痕迹，热岩浆能够在物理上改变岩石，以及附着其上的化石。

▶ 如何断定化石的年代？

有许多测年技术可以用来断定岩石以及其中包含的化石的年代。其中最常见的方法是放射（同位素）测年技术。这种技术使用已知的放射性元素同位素（一种化学物质的原子）或其他元素的衰减周期来断定岩石的年代。运用这种技术，并不是直接测定化石年代，而是测定化石周围岩石的年代，化石的年代是由这些数据推算出来的。

地球本身的放射能不断轰击矿物质中的原子，激发被困在晶体结构中的电子。科学家经常使用两种技术，电子自旋共振技术和热发光技术来测定矿物的年代。这两种方式都是测量岩石中包含的矿物质被激发的电子数量。自旋共振测量的是晶体中包含的能量，而热发光技术运用热量来释放被困在晶体中的电子。在确定矿物中被激发的电子数量并将其同这些矿物体被激发电子的已知增长率相比较，科学家能够计算该矿物积累被激发电子的时间。反过来，数据也可以被用于断定岩石和存在其中的化石的年代。另一种放射性技术是铀系测年法，这种技术可以测量石灰岩层中钍-230的数量，这些岩层中蕴藏着铀，而几乎没有钍。因为科学家知道从铀转变为钍-230的衰变率，这样就可以通过特定的石灰岩层中钍-230聚集的数量测量出该石灰岩以及其中包含的化石的年代。

▶ 什么是碳测年？

碳测年技术用于断定年龄相对较轻的生物体（比如木头或骨骼）以及非常古老的岩石的年代。为了测量较年轻的生物体，需要使用碳-14同位素，它会衰变为氮-14，并且拥有一个大约5 730年的半衰期（同位素衰变所需时间的一半）。碳-14在地球大气层中产生，然后同氧气结合形成二氧化碳。所有活着的生物都需要二氧化碳。当生物死亡后,碳-14不再进入生物体内,已经存在的碳-14则开始衰变。科学家通过测量存在的碳-14含量并结合其衰变期就可以断定化石遗骸的年代。科学家还可以用碳测年技术来确定极为古老的岩石中是否存在生命。碳有两种同位素(原子):碳-12和碳-13。前者要比后者略轻。活着的生物"倾向于"选择较轻的同位素,因为它更容易被吸收(需要较少的能量)。如果在沉积岩中发现碳-12同碳-13的比率超过正常值,那么当古老的沉积岩形成时,其中很可能有生命存在。

▶ 为什么在海洋中比陆地上更容易形成化石?

在海洋中,沉积物不断积累在底部,迅速覆盖在死亡生物的遗骸上并保存它们。这大大增加了化石化的概率。

古 海 洋 学

什么是古海洋学?

古海洋学是研究古代海洋的学科。它使用来自地质学、生物学、物理学、化学和其他学科的数据进行跨领域研究。古海洋学家可以被看作是一名侦探,将各种标本、资源和数据的线索拼凑在一起来重建古代的事件。古海洋学的核心目标之一是重现海洋在漫长时间里是如何变化的。很多数据来自海洋沉积物标本,这些标本存放在资料库中,可以供全世界的古海洋学家接触和研究。

▶ 古海洋学家如何知道海洋在过去发生了哪些变化?

古海洋学家通过研究沉积物,包括来自深海的样本,获知海洋和气候已经发生过的变化。随着时间推移,海洋底层物质被一层一层地覆盖。深入洋底的钻芯能够显示这些沉积层的内容,就像阅读一本书的不同页一样。通过了解沉积物的种类、它们何时形成以及分析沉积物中的矿物或化石,科学家已经收集到大量关于海洋演变的信息。

研究古代海洋以及它们在数百万年中如何被创造和演化,同样能够让我们了解今天地球运转的物理机制。古代海洋学家确定地球形态(陆地构成)在古代如何变化,是什么原因导致了这些变化,这些变化对于海洋、气候、植物和动物有何影响。以这种方式,科学家可以感知未来变化将如何发生,以及这些变化将如何影响我们自己的种群——智人。

"格拉默·挑战者"号建造于20世纪60年代中期。这是第一艘能钻探深海底的研究船,它带来了关于地球历史的宝贵信息。(CORBIS图片)

▶ 古海洋学家如何收集过去的数据?

古海洋学家从海底收集海洋沉积物和岩石的标本,来探究海洋的历史。他们同样依靠曾经是浅海或深海组成部分的地面岩层来进行研究。

▶ 如何获取大洋深处的海底沉积物?

从深海海底获取沉积物是近年来才获得发展的技术。在1960年代中期,一艘配有钻机的特种船只——"格拉默·挑战者"号下水了。该船是以建造它的公司(全球海洋公司)和19世纪80年代航行在海洋上的世界第一艘海洋研究船——英国皇家海军的"挑战者"号命名的。"格拉默·挑战者"号是第一艘对深海海底进行钻探的船只,它从南大西洋海底钻取了约328英尺(100米)长的沉积物圆柱体岩芯。随着钻井技术的提高,研究者们已经能够在海底钻取超过5 000英尺(1 000米)的沉积物,这些提取的物质反映了地球1.8亿年前的历史。

▶ 海洋沉积物的成分是什么?

现在还没有办法精确地对海洋沉积物进行分类。但一般来说,海洋沉积物包含众多的岩石沉积物和矿物质,比如沙粒、淤泥、泥沙、黄金(来自河流沉积)、重金属,甚至铁锰结块,这取决于沉积物堆积的位置。此外,沉积物也可以含有微小生物,如放射虫(海洋原生动物)、硅藻(一种海藻)和钙质超微化石(含钙的微小化石)。较大生物的构成物,如鱼的牙齿(如鲨鱼)、珊瑚、破损的贝壳,整体骨骼以及其他海洋生物的遗骸都能在沉积层中找到。

▶ 如何断定海洋沉积物的年代?

当沉积物标本从海底通过钻孔取芯等方式收集后,会被送到实验室进行分析,沉积物的年代通过磁性地层学和化石鉴定等技术加以确定。

磁性地层学对沉积物中的铁颗粒进行检测以断定它们在地球磁场中的定向。当沉积物聚集后,其中的铁颗粒受到当时地球磁场的作用而排列。通过分析铁颗粒的朝向形式,就可以发现保留在沉积层中的地球磁场逆转的记录。这种朝向形式同海底玄武岩中发现的磁场逆转形式相匹配,由于海底岩石的年代可通过放射测量方式加以测量,由此可以测定沉积物的年代。另一种测量海洋

▶ **海洋沉积物能够告诉科学家早期海洋的哪些信息?**

海洋沉积物中包含的特定化石,或者特定成分,经常能够向科学家提供关于早期海洋构成的线索,甚至关于古代生物群落的信息。比如,在沉积物标本中含有碳酸钙($CaCO_3$)贝壳的任何微体化石都是良好的指标:对轻重同位素(一种化学成分的原子)的相对量进行分析,能够获取关于古代海洋温度、盐度、营养水平等情况的信息,甚至能够确定陆地冰架的体积。这些信息可以同其他数据相结合,比如结合古生物学、地球化学和地球物理学的发现,用于重建古代海洋环流和全球气候模型。

沉积物年代的方式是通过分析在岩层中发现的化石或微体化石。科学家使用在岩芯中发现的"标记物种"，即在沉积物或岩层中发现的已经断定年代的化石来判断沉积物的年代。

▶ **某些海洋沉积物能够反映当时的气候情况吗？**

是的，科学家们已经发现特定的沉积物经常反映特定的气候情况。下面列举了经常用来确定过去气候情况的沉积物类型：

冰筏沉积物：这些沉积物表明存在冰川和非常寒冷的气候。

富含有机质的沉积物或磷块岩：这些沉积物显示了海洋生命力水平的高低，并且间接反映出气候条件。

珊瑚礁：珊瑚礁反映了过去的海平面变化，不管海面升高或降低，珊瑚礁总是沿着海岸线分布。

沉积物中的花粉：在海洋沉积物中，来自植物的花粉可以用来判断气候特性和陆地植被的变化。

风尘沉积物：风尘或者风吹沉积物比如石英颗粒，经常反映出风的强度和方向。

化石分布：化石在海洋沉积物中的分布方式是研究气候最好的指标之一。例如，浮游生物对温度非常敏感、硅质生物典型地代表了寒冷气候、碳酸盐则代表了温暖气候。特殊品种的孔虫或放射虫的丰富程度能够显示出特定地区在特定时间段的气候情况。在海洋沉积物中发现的寒冷品种（比如厚皮虫）或温暖品种（比如有孔虫）为科学家提供了古代气候的重要线索。

化石化学：化石的化学细节同样是古代气候的重要指标。例如，贝壳化石记录了水中的化学成分，海水中稳定的氧同位素（氧-18和氧-16）比率会随着海洋中冰含量的变化而变化。

早 期 海 洋

▶ **地球是什么时候形成的？**

科学家认为地球形成于45.5亿年前，约39亿年前地壳才开始变得较为稳定。

▶ 太平洋和月球之间是否有联系？

月球来自地球的理论一度被多数科学家认为很愚蠢。这一观点最早由英国数学家和天文学家乔治·达尔文在20世纪初提出。他将之称为裂变理论，该理论认为快速旋转的地球将自己的一大块甩入太空并将其固定在绕地球旋转的轨道上。海洋和月球之间的联系很简单：月球被甩出去的地方，如今被称为太平洋。关于月球形成的更可信的理论认为，地球和月球形成于46亿年前，其物质来自一片恒星星云（星际尘埃和气体的集合），这些物质缩合形成了我们的太阳系。但神奇的是，近期的计算机模型显示，月球可能真的来自地球。该理论认为，地球形成初期遭到了火星大小的物体的撞击。当撞击发生时，该巨大物体将深达地幔（地球内部地核和地壳之间的部分）的物质扯了出来，这些物质最终停留在绕地轨道上。但是该理论并不认为月球和太平洋存在联系。

▶ 最早的海盆是如何形成的？

尽管有人认为，最早期的某些海盆是地球形成初期的地表环形山，但实际上真正的大洋盆地起源于板块构造：地壳被地幔（位于地壳和地核之间的部分，由松散的物质构成）运动所驱动，导致了靠近地球表面的两类物质彼此分离，较轻和较松散的花岗岩构成了大陆，较重和较致密的玄武岩构成了洋底。

▶ 最初的海水是从何而来的？

科学家认为，地球上的水有两个最初来源。首先，由火山口释放出的气体（被称为"放气"过程）含有水蒸气，形成了云，最终导致了降雨。其次，小型（直径大约30英尺或9米）的冰彗星或者可能的冰冻小行星体撞上了地球，在其撞击坑底部留下了水。人们已知的是，在大约40亿年前，也就是地球形成5亿年后，地球表面已经足够冷却能够保有液态水。

▶ 在过去，海洋是否发生过重大变化？

海水的构成，包括盐度和微量矿物质，基本在地球漫长的历史中保持未变。

但是海洋也发生了其他重大变化,大约21亿年前,地球的大气层开始聚集更多的氧气,海洋也是如此,由于各种因素的影响,特别是随着氧气的增加,海洋生物的丰度和多样性也随着时间的推移而不断增加。

▶ 为什么海洋的形状会随着时间而变化?

地球的地质活动是海洋形状在数百万年间改变的主要原因。巨大的大陆板块在地球上不断移动(现在仍在继续移动),导致大陆漂移和板块构造(构成地球表面的板块的运动)。这种活动不仅改变了大陆的位置,也同样影响海洋的形状、深度和海底地形。

▶ 曾经覆盖整个地球的海洋是什么样?

科学家认为,地球历史上最大的海洋,或者说曾经覆盖整个世界的海洋,形成于7亿年前,开始于前寒武纪晚期,不晚于古生代开始时期(大约5.44亿年前)。这片海洋被称为"巨神海",其中只有一片主要的陆地,被称为"超级大陆",又叫罗迪尼亚。

▶ 古生代的大陆和海洋是什么样子的?

在古生代早期,大约5.44亿年前,超级大陆罗迪尼亚已经开始破裂,形成了南方的冈瓦纳古陆,这片陆地包含了澳大利亚、南极洲、非洲和南美洲的某些部分,再加上印度次大陆(全部位于赤道以南)和北方的大陆(包括现在的北美洲)以及一些位于赤道以北的孤立陆地。古生代时期的主要海洋就是巨神海。

在古生代晚期,分散的陆地形成了两片大的陆地——赤道以南的冈瓦纳古陆和赤道以北的劳亚古陆。在古生代末期,这两片大陆慢慢碰撞,形成了盘古超级大陆,其含义是"全世界"。

▶ 古生代结束时海洋中发生了什么样的大灾难?

在古生代结束时(或者说二叠纪结束时,约2.45亿年前),几乎所有的海洋生物都死亡了，也就是说，发生了灭绝。没有人知道原因，但也有一些理论试图解释这一全球性的大灭绝。一种理论发现了海洋中氧气不足的证据，随着氧气消失，多数生活在海洋中的生物都死亡了。然而氧气水平下降的原因却不得而知，一些科学家认为，西伯利亚火山群喷发释放出的大量二氧化碳使得全球变暖，减少了极地和赤道的温差。气候变暖逐步减慢了洋流的流速，导致海水几乎停滞流动。另一些科学家认为，巨大的小行星或彗星撞击了地球，消灭了许多物种。但是仍然没有人能解释为什么有些物种灭绝了，而有些却没有，以及彗星撞击地点在哪里等问题。

▶ 中生代时期的大陆和海洋是什么样子？

在中生代开始时（大约2.45亿年前），地球上存在一片广阔的水体，称为泛大洋。这片海洋包围着盘古超级大陆。这块巨大的陆地横跨赤道，大体呈C字形，在大陆东方被C形所包围的较小水域被称为特提斯洋。在盘古大陆之外，只在东方零星散布着一些陆地。此外，当时的海平面较低，在极地也没有冰层。在2亿年前（侏罗纪时期），盘古大陆分裂开来，再次分为（赤道北方的）劳亚超级大陆和（南方的）冈瓦纳大陆。这次分离也被看做是欧洲脱离北美、非洲脱离南美的先声。此后，北大西洋开始形成。海平面上升淹没了许多区域，包括现在的欧洲和中亚大片地区。

▶ 劳亚大陆和冈瓦纳大陆代表现在的什么大陆？

劳亚和冈瓦纳超级大陆可以被看成是以下大陆的前身：劳亚大陆包括北美和欧亚大陆（欧洲、西伯利亚、部分东亚），冈瓦纳大陆包括南美洲、非洲、印度、南极洲和澳大利亚。

▶ 冈瓦纳兰与冈瓦纳有何区别？

冈瓦纳兰和冈瓦纳两个术语没有什么区别，是同义词，人们只是根据个人习惯使用不同的术语。

▶ 什么是特提斯洋？

被称为特提斯洋（或特提斯海）的巨大海洋形成于2.45亿年前的中生代早期，当时完整的大陆开始分离成为两片不同的大陆——北方的劳亚大陆和赤道南方的冈瓦纳大陆。当这两片大陆分离时，它们之间的裂隙缓慢地被海水填充。开始时，特提斯洋非常狭长，海水很浅，但是随着大陆继续彼此分离，这片海域变得更宽和更深。特提斯海大致东西走向，在中生代大多数时期大致位于赤道以北。这片海洋是当时地球上唯一不同于泛大洋的水体，后者是当时覆盖大部分地球的广阔海洋。

▶ 古代特提斯洋的海底在今天的什么地方？

随着大陆运动，特提斯洋被挤压成今天的残余部分（地中海、黑海、里海和咸海），这片古代大洋的海底部分发生了变形和抬升。这种抬升过程造就了今天的阿尔卑斯山脉、高加索山脉和喜马拉雅山脉，在这些山脉中，来自特提斯洋的古代海洋生物化石仍能被发现。意大利学者、艺术家、工程师和发明家列奥纳多·达·芬奇是第一个在阿尔卑斯山发现这些化石的欧洲人。他正确地设想了这些充满化石的海洋岩石是如何以及为什么会在如此高的纬度被发现。

▸ 古代的特提斯洋今天还有哪些遗迹？

人间的财富聚散流转，同样的，大陆运动在中生代时期形成了特提斯洋，也几乎抹去了这片广阔海域的所有痕迹。随着非洲和印度大陆在新生代向北移动，它们分别和欧洲和亚洲大陆发生碰撞。这一运动封闭了特提斯洋，只有很小的遗迹留存到今天，包括：地中海、黑海、里海和咸海。

▶ 新生代时期的大陆和海洋什么样?

从新生代开始(6 500万年前),现代的主要大陆已经成形,并且继续向目前的位置移动。特提斯洋仍然较大,继续分割开北方和南方两片大陆。劳亚大陆继续分裂,随着南美洲和非洲的分裂,冈瓦纳大陆已经不复存在。澳大利亚和印度开始从南极附近向北移动。约5 000万年前,各大陆已经接近于它们目前的样子,印度同亚洲大陆相撞,创造了喜马拉雅山脉。同时,大西洋继续扩展,北美洲同欧洲分离。

▶ 在遥远的未来海洋会呈现出什么样子?

虽然没有人确切知道未来海洋的模样,但也存在一些有趣的推测。由于大西洋海底继续分裂,大西洋将更为宽阔。在太平洋,大陆板块将继续俯冲(互相移动到彼此下方),海洋面积将比现在缩小。东非大裂谷地区的红海,可能会变成一个更小的海盆,这取决于本地区的板块继续分裂的速度(这一活动类似于很久以前南美洲同非洲、北美洲同欧洲的分离,这种分离创造了大西洋)。但是这些过程需要花几十万到几百万年才会完成。

古代海洋生命

▶ 生命何时第一次出现在地球上?

由于化石记录不完整以及时间间隔巨大,早期地球上的生命起源饱受争议。科学家能够确定的就是,最初的生命出现在早期海洋中,而不是陆地上。它们估计生命出现在大约35至37亿年前(前寒武纪)。也许生命出现的时间更早,大约在40亿年前就诞生了,但是科学家目前缺乏证据来支持这一想法。

▶ 为什么我们对早期生命的知识非常有限?

尽管能够非常有效地保存生物遗骸并将其化石化,但科学家依然缺乏关于早期生命体的知识,这主要是因为早期生命的特征和地球的实质。概括起来,科学家缺乏早期生命的知识,主要有三个原因:第一,人们很难发现40亿年前形成,且没有被热、压力或侵蚀所影响的岩石。第二,因为单细胞生物(早期的生命形式)非常小,很难在岩石中发现它们。第三,由于早期生命只有软体部分,它们死后很容易腐烂,难以留下(化石化)痕迹证明它们的存在。没有化石记录,许多存在于早期海洋的生命将永远不为人知。

▶ 地球上的生命保持连续发展演化吗?

也许不是这样,很可能有许多次"错误的开始"。一些科学家认为,地球上的生命不得不开始很多次。他们推论认为,生命出现后,要么出现在海底火山口周围,要么出现在浅水洼中,要么出现在海洋中,彗星和小行星冲撞地球,可能终结了这种生命形式。在地球早期数百万年的历史中,这种情况可能出现了很多次。最终,生命得以幸存、适应和发展。

▶ 地球上生命形成的第一步是什么?

地球上生命形成的第一步可能是从简单有机分子中形成复合有机分子(氨基酸)。这些复合有机分子很可能有多种起源,包括原始大气层中的闪电导致分子聚合,或者富含有机物的彗星撞击地球带来太空生命。无论何种起源,科学家们相信,至少在40亿年前,由于大气层中缺乏大量的游离氧分子(也称为弱还原大气),地球上的有机分子是共同的和稳定的。在某些地点,这些复合有机分子具备了自我复制的能力,它们开始合成蛋白质并最终实现分化,导致了细胞的产生。

▶ 地球上的生命是如何演进的?

早期地球上生命的演进是科学界热烈讨论的问题。下面是一种可能的演进场景。但要注意到,这里面提到的时间都是概略的,还很有争议。

37亿—35亿年前:第一批原始细胞出现。

35亿—32亿年前:在远古火山热泉周围,原始的细菌可能已经出现。

34.5亿—35.5亿年前：光合细菌（蓝藻）出现。

22亿—21亿年前：地球大气变得富氧，足够支持臭氧层，这层大气能够保护早期进化的生物避免来自太阳的有害射线的伤害。

21亿年前：第一批细胞开始大量形成，并且发展成为单细胞（单核）生命。

15亿年前：第一批真核细胞形成，这些生命体有一个核、复杂的内部结构，是原生动物、藻类和多细胞生命的前体。

▶ 古代海洋中最早的单细胞生物是什么？

古代海洋中存在的最早单细胞生物最有可能是厌氧异养细菌。它们不需要游离氧（厌氧），能够从外部获得食物（异养）。接下来演化出的细胞可能是厌氧自养细菌。它

叠层石是由石灰蓝藻分泌形成的石垫层。叠层化石为科学家提供了有关地球上生命发展的重要信息。（国家海洋和大气管理局/海洋和大气研究国家海底研究项目）

们同样不需要游离氧（同样厌氧），能够使用从周边环境中，比如深海火山口附近获得的能量自我合成养料（自养）。这些生命体的另一种形式是化学自养，因为它们能够使用化学能。但是，随着化学能的减弱，利用光能的光合自养方式得到了发展。

▶ 海洋生命对地球生物的发展有何关键作用？

大约在34.5亿—35.5亿年前（前寒武宙），出现了一种特定的微观有机体，最终改变了整个世界。现在，这种微生物的后代被称为"蓝绿藻"或者"蓝藻"。

这种微生物能够分泌石灰,形成石质的底垫,被称为叠层石。一些已知最古老的叠层石化石被发现于澳大利亚一个叫诺思波尔(North Pole)的地区,而在澳大利亚的鲨鱼湾(Shark Bay)等地,仍存在着活着的蓝藻。

蓝藻是光合自养生物,它们利用光合作用从太阳光和水中的氢中获得能量,制造自己所需的养分。由于它们从水中提取了氢,因而释放出氧气。随着时间的推移,蓝藻向大气中释放出大量氧气,其中大部分被陆地和海洋中的铁原子"锁定"。最终蓝藻制造的氧气超过了铁原子能够捕捉的数量,在22亿年前,地球早期大气层中变得充满了氧气。

大气中氧气的存在刺激了需要氧气的生物体的进化,很快第一批进行有氧(耗氧)呼吸的生命体出现了。这种有氧呼吸过程比厌氧呼吸过程更为有效,使得更大的细胞和多细胞生物得以发展。

▶ 最早的软体动物何时出现在海洋里?

化石表明最早的海洋软体动物大约出现在6亿年前(寒武纪)。这些动物包括某种类型的水母、海笔(珊瑚虫)和环节蠕虫。

▶ 更大型的早期海洋动物是何时出现的?

一些更大型的早期海洋动物在前寒武宙结束后,大约5.44亿年前的寒武纪时期出现了。那是一个起始于全球海洋的进化活动大爆发时期,绰号"寒武纪大爆炸"或"进化大爆炸"。新的动物迅速出现(从地质学的意义上讲),海洋中充满了生命。这些动物包括三叶虫(第一种复杂动物)、海笔(珊瑚虫)、水母和蠕虫。没有人确切知道为什么动物们会拥挤在海洋里。一种解释是由于气候的剧烈改变,使得生物能

三叶虫是第一种复杂动物,这些化石来自泥盆纪中期,可能存在超过3.6亿年。(CORBIS图片/凯文·谢弗)

够大量繁殖。另一种理论认为,自然达到了一个整体的阈值(比如温度和氧气水平的变化),使得环境有利于生物的繁殖。不管什么原因,这段时间许多海洋生物从软体动物进化为具有某种坚硬部分,包括外壳和内外骨架的动物。这些变化使得海洋生物能够更好地生存下去,并最终在化石中留下了生存的证据。

▶ 为什么伯吉斯页岩(Burgess Shale)中发现的海洋生物化石如此重要?

在伯吉斯页岩中发现的化石遗址是早期海洋生命的最重要记录之一。1909年在加拿大不列颠哥伦比亚伯吉斯山口发现的页岩层是由5亿多年前的泥浆挤压而形成的。人们认为这些泥浆在寒武纪时期聚集在一片古代海洋的边缘,其中保存了大量的生物体。泥浆和当地的自然环境很好地保存了这些遗骸,也使得伯吉斯化石闻名世界。在伯吉斯页岩层中发现的许多化石能够被辨别出是现代海洋动物的祖先,比如水母和海星。此外,还发现了海胆、软体动物、棘皮动物、古老的海绵、蠕虫,甚至节肢动物(三叶虫是其中一员)。迄今为止,在同一地点已经发现了超过120种无脊椎动物的化石。

▶ 第一批从海洋登上陆地的动物是什么?

第一批征服陆地的动物可能是节肢动物,比如蝎子和蜘蛛。人们在4.1亿—4.4亿年前的志留纪岩层中发现了这些生物。

▶ 第一批陆生植物是什么时候从海洋移动到陆地上的?

化石显示,第一批真正的陆生植物出现在大约4.2亿年前(志留纪),种类包括无花苔藓、木贼属植物和蕨类植物。它们通过散布孢子——携带植物基因蓝本的微生物体来进行繁殖。

▶ 有生活在海洋中的恐龙吗?

没有,海洋中没有任何恐龙,真正的恐龙都生活在陆地上。但是,一些爬行动物曾经生活在陆地上,但是也会返回海洋中生活和捕食,这些动物包括鱼龙和蛇颈龙。鱼龙体型较小,有着海豚状的外形;蛇颈龙体型很大(接近50英尺,或者说15米长),有桨状的四肢和长长的脖颈以便追捕鱼类。这些爬行动物在大约6 500万年前和恐龙一并灭绝了。

▶ 第一批海生哺乳动物是什么?

与流行的观点相反,海洋哺乳动物(比如鲸鱼和海豚)直到很晚近的时候(从地质学的角度)才出现。陆生哺乳动物在三叠纪晚期大约2.08亿年前出现,但直到6 500年前的白垩纪末期都没有扩散。哺乳动物从陆地迁徙到海洋花费了更长的时间,一些海洋哺乳动物直到2 300万年前的中新世时期才出现。

▶ 在海底什么地方能够发现史前动物化石?

并不是所有在海洋沉积层中发现的动物化石都有数百万年的历史。最近在格鲁吉亚海岸线以外大约60英尺(18米深)的水下,科学家们发现了大约14 000

水母是最早出现在海洋中的软体动物形式之一,距今大约6亿年。(国家海洋和大气管理局/海洋和大气研究国家海底研究项目;M. 扬布鲁斯)

年前的史前动物遗骸。当时的海岸线比目前的格鲁吉亚海岸线向外延伸60英里(97公里),那片土地上生活着大量的动物,比如野牛、骆驼、乳齿象。这片地区现在完全位于水下,来自格雷礁国家海洋保护区(Gray's Reef National Marine Sanctuary)的科学家正在那里发掘化石。化石中不光有动物,也包括周边的植物。到目前为止,他们已经发现了乳齿象和野牛的骨骼、更新世马的牙齿和18 000年前海洋蠕虫的洞穴。植物化石包括松树花粉、桤木和草种子。这些发现可以帮助科学家了解古代海岸线和海平面变化的情况。

▶ 什么是活化石?

活化石是指某种同生活在数百万年前的生物几乎完全一样的动物或植物种类。许多这种活化石最先是在化石中被发现,然后才被发现在当今地球上仍然存活。比如,现代银杏的一个品种从2.2亿年前的三叠纪一直生存到现在;而玉兰,一种最早的开花植物,在1.25亿年前的白垩纪时代就存在。动物活化石包括喙头蜥,三叠纪时期数量众多的爬行动物种群中唯一的幸存品种,还有腔棘鱼(Coelacanth),一种直到最近才被发现的活化石鱼类。

另一种活化石是现代的腕足海豆芽(Lingula),它与泥盆纪时期的祖先几乎没有区别。这一物种或其他活化石物种具有长久生命力的一个原因可能在于它们的适应能力和所处的稳定生态位。海豆芽生活在潮汐带上,这是一种沿着海岸分布的特殊生态位。即使海平面变化,海豆芽也能随着水位改变生活位置来适应环境。

▶ 为什么腔棘鱼这么有名?

腔棘鱼是一种原始鱼类,最早出现在古生代泥盆纪时期,距今大约4亿年前。科学家认为这种鱼是最早离开远古海洋登上陆地的鱼类,并很可能是许多陆生动物的祖先。人们发现了大量的腔棘鱼化石,但是相信它们在6 500万年前的白垩纪末期就已经全部灭绝了。

然后在1938年,一条渔船在南非海域用拖网捕捉到一条活的腔棘鱼,在此后许多年中,在马达加斯加附近的科摩罗群岛附近也发现了其他标本。20世纪90年代后期,在印度尼西亚也发现了另一件标本。

腔棘鱼被认为已经灭绝，直到1938年在马达加斯加海岸一个渔夫抓到一条。此后也有别的标本被发现。科学家认为，这种鱼生活在海面以下很深的地方，这也解释了为什么它们很少被见到。

　　腔棘鱼被科学家认为是一种活化石，具有极大的科学价值。幸运的是，生活在当今的腔棘鱼不会再尝试登上陆地，因为它很容易受到捕食者和收藏家的伤害。如今腔棘鱼似乎更喜欢海洋环境，在从马达加斯加到印度尼西亚都有分布。腔棘鱼生活的地区环境相似，都在大约位于水下600英尺（183米）的海底火山陡峭侧面的洞穴中。

生命之洋

▶ **海洋生物是如何分类的?**

海洋生物被分为三大组(这是对海洋生物进行分类的很多方法中的一种):

底栖生物(benthos):这些生物生活在海底,包括珊瑚和海绵(这些是永久固定在海底或不动的);蜗牛和蟹(沿着海底爬行或蠕动)和穴居动物。该组还包括较大的海藻、藤壶和海鞘。

自游生物(nekton):这些都是会游泳的生物,如鱼类,它们可以自由运动,从一个地方迁移到另一个地方。它们能够向任何方向游泳,而不管海流的方向。这组生物包括鱿鱼、鲱鱼和其他许多人们熟悉的动物。

浮游生物(plankton):这些更小的生物漂移和浮动,包括浮游动物和浮游植物。它们通常不具备靠自身运动从一个地方移动到其他地方的能力,但它们能够被波浪或海流运送。

▶ **海洋水域如何分类?**

海洋分为三个主要区域,这是根据它们接收到的阳光数量来划分。

透光区从海面到水下大约700英尺(200米),取决于海水的透明度。

在此深度(700英尺,或200米)以下到大约3 000英尺(大约

900米）是弱光层，只有很少的光线能够穿透海水到达这里。

在3 000英尺（大约900米）以下，几乎没有光线，这块区域占海洋体积的90%，被称为无光区。它又被细分为半深海、深海和超深海区。

▶ **大多数生物生活在海洋中的什么区域？**

海洋中的大多数植物和动物都生活在相对浅的最上层区域，称为透光区。该层海水从海面向下延伸至大约不超过700英尺（213米）。

▶ **生物体在近岸海域和深海海域中如何分布？**

沿着海岸线，海洋生物生存在最易于其隐藏和获得食物的地区，特别是海

海绵被归类为底栖生物，就是那些居住在海底的生物。这张图上的玻璃海绵生长在枕状熔岩上。（国家海洋和大气管理局/海洋和大气研究国家海底研究项目）

为什么海洋环境被认为比陆地环境更稳定？

海洋生物同陆地生物一样，具有相同的四种基本需求，它们需要食物、水、空气和栖息的地方。地面条件比较不稳定，由于植被（例如由森林火灾或极端天气条件所导致）、空气质量（由污染所导致）和水（洪水或干旱）的相对快速变化，会迅速改变陆地生物的周围环境。在海洋中，环境要稳定得多，能够为所有生物体持续地提供食物、空气、对生物身体的支撑、栖息地，尤其是水（以及其所含有的矿物质和气体）。

岸岩石和珊瑚礁的角落和缝隙。在深海中，海洋生物在几英里（或公里）深的水域中生存。但在水体内，生物体的数量分布不均匀：大多数生物生活在透光区（海洋顶层），或者它们会迁移到这一层来寻找食物。

在海洋中有多少种不同类型的植物和动物？

有人估计海洋中有超过25万种不同种类的植物和动物，并且毫无疑问还有更多的种类没有被发现，尤其是在海洋深处。一些科学家估计海洋生物的种类更接近于40万种；甚至还有人说有100万至1 000万种底栖（海洋底部）物种尚待发现！

海洋生态学和海洋生物学研究涉及什么内容？

海洋生态学和生物学是对海洋中的植物和动物进行的研究，关注植物和动物之间的关系以及它们与环境之间的关系。这包括研究生物体适应海水各种化学和物理性质的方式。这些领域的研究人员研究各种变数，比如污染物、海洋的自然运动、光照条件乃至海底的稳定性。

海 洋 植 物

▶ 什么是植物群?

植物群是一个形容地球上植物生命体的词汇。它也可以用来描述一个特定地区或栖息地内的所有植物类生物,在某个地质地层(岩石层)中的植物化石。这个词来自罗马神话中的百花和春天女神。

▶ 什么是光合作用?

光合作用是一个生化过程,植物(和一些单细胞鞭毛生物)通过来自阳光的能量将无机二氧化碳(存在于大气中)、水、亚硝酸盐离子和磷酸根离子转化为可用的糖分和氨基酸。陆地上的植物无处不利用光合作用。光合作用也可以发生在海洋中的透光层,或者深度不超过700英尺(213米)的水中。

▶ 什么是植物?

与流行的看法相反,光合作用并不能将某种生物体定义为植物;事实上,很难给植物下一个定义。这些生物体的形状、大小和颜色差异极大,范围从独立的单细胞藻类到生长在我们花园里的由特殊细胞构成的多细胞植物。但每一个植物细胞都有一个共同的关键微观特征:在植物细胞膜的外侧都有一种硬质的纤维素细胞壁。

▶ 什么是活细胞?

细胞是构成大多数生物体的微小单位。细胞的大约60%至65%部分是水,因为水是一种能够发生生化反应的完美介质。细胞主要由氧、氢、碳和氮构成。在细胞内,最重要的有机物质是蛋白质、核酸、脂质和碳水化合物(或多糖)。特定的细胞结构,也就是所有这些有机化合物的组合,也存在于细胞中。

▶ 地球上的活细胞有哪两种类型?

地球上的这两种类型活细胞是:原核生物(prokaryote)和真核生物(eukaryote)。它们之间的最大区别在于它们的DNA:原核生物的DNA是单分子,直接与细胞质(细胞质是细胞中的生命物质,但不包括细胞核)接触;真核生物的DNA由一个以上的分子构成,这些分子可以分裂。此外,真核生物的DNA位于一个核内,通过一层包络(膜)与细胞质相分离;某些真核生物还通过额外的内部膜进一步分割。(原核生物不具有这样的内部膜。)总之,原核生物是简单的细胞,而真核生物是复杂的细胞。

▶ 原核生物和真核生物有哪些例子?

原核生物(简单的细胞),包括细菌和蓝藻(曾经被称为蓝绿藻)。真核生物(复杂细胞)包括所有植物(包括藻类)和动物细胞。

▶ 植物细胞和动物细胞有什么不同?

植物细胞具有刚性细胞壁,一个大液泡(由流体填充的小袋)和用于合成葡萄糖的叶绿素(在其中,来自太阳的光能转换为化学能,并最终合成葡萄糖)。动物细胞没有这些特征。

▶ 最早的植物出现在哪里以及是如何进化的?

科学家们认为,最早的植物类生物出现在约30亿年前的海洋中。比较而言,已知最古老的生命被认为诞生在约40亿年前,是微小细菌类的生物。(但是,到目前为止,在化石记录中还没有这样的生命,已知的最古老的生命化石证据约有37.5亿年历史。)

没有人知道生物体是怎么进化出生物光合作用的。一些科学家相信,某些早期细菌进化出了叶绿体——进行光合作用的特殊植物细胞器官,然后释放出氧作为废物,最终在我们的大气层中产生出氧气。

▶ 什么样的事件最终导致了现代开花植物的产生?

人们认为,各种植物是通过以下方式演变的(如科学家常遇到的情况一样,未来发现的更多化石证据可能会改变其中的一些年代):

40亿年前:单细胞生物在海洋中出现。

30亿年前:以氧气为副产品的光合作用可能在海洋里的一些微生物中出现,最终生产出富氧的大气。约15至20亿年后,地球上的臭氧保护层形成。

6亿年前:出现了动物生命的大爆发,它们不断进化且变得越来越多样化,植物也蓬勃发展。

4.7亿年前:某些植物迈出登上陆地的"第一步",适应了被称为水陆交界处的潮汐水坑边缘地带的环境。由于最早的陆地动物还没有出现,这些植物是陆地上的最早生命。

4.3亿年前:植物进化出根、茎、叶;它们被称为维管植物。

4.2亿年前:第一批真正的植物在陆地上出现,包括蕨类植物、无花苔藓和木贼,并迅速填补了许多生态位(环境)。约7 000万年后,蕨类植物进化出种子。

1.45亿年前:最早的开花植物在陆地上出现;约5 000万年后,它们主宰了陆地。

▶ 海洋植物为了适应陆地做出了怎样的调整?

海洋植物登上陆地所需做的重大调整是发展出一种获得和保持水分的新方法,因为它们将不再被淹没在海中。蒸发也是一个问题,而且植物不得不开发出新的方式来输送必要的气体。

为了解决这些问题,各种植物经过数百万年进化出许多"新"机制。一个大家都熟悉的方式就是种子,一种蜡质的防水角质层覆盖了植物的胚芽,防止水分过度流失。有些植物在生殖器官细胞周围进化出保护细胞,以尽量减少水分损失。还有一些植物进化出孢子,这种生殖细胞无须受精就可直接发育为成熟的植物体。

▶ **现代海洋植物有哪些例子？**

现代海洋植物的种类并没有海洋动物多。但是，有些海洋植物是我们大多数人都能认出的，包括藻类、海草和红树林。

▶ **海洋植物和陆地植物有相似之处吗？**

没有，在海洋中大多数植物同陆地上发现的植物并不相同。大多数海洋植物没有茎、叶或根；许多海洋植物不使用高倍显微镜甚至无法被看到。但两者也有相似之处：海洋植物就像陆生植物一样通过光合作用获得自己的食物。

▶ **什么是藻类（algae）？**

海洋植物中的很大部分是藻类。它们在结构上是简单的单细胞或多细胞有机体，能够进行光合作用产生氧气，在海洋和淡水中都可发现。用一个透明的玻璃罐盛一罐池塘水，然后把它放在一个阳光明亮的窗台上，或在外面接一桶雨水，你就可以看到这种类型的生物体。几天后，水看起来变得浑浊和变绿。这绿水中充满了数千种单细胞藻类，利用太阳光来进行光合作用，类似于为了生存利用光合作用产生食物的陆地植物。因此，藻类是自我支持的，并且生存在任何光、氧气、二氧化碳和水保持平衡的环境中。

藻类有许多类型，根据它们的颜色而得名，包括蓝绿藻、绿藻、红藻和褐藻。尽管它们多种多样，但都没有维管（维管植物大多生活在陆地上，有维管来上下传导流体；藻类没有这些维管）。自由浮动的藻类被称

带状海藻，摄于新西兰南岛海域海底。（CORBIS 图片 / 保罗·桑德尔斯）

为浮游植物,通常只有单个细胞。它们的生殖过程与其他海洋植物有所区别。

▶ 藻类有多大?

与流行的看法相反,并不是所有的藻类都很小。大多数藻类是单细胞生物,一些小到直径只有1至2微米(1微米是百万分之一米或0.000 001米);其他一些藻类是多细胞生物,如塘泥、海藻以及树木上最绿色的覆盖层。在陆地上,它们也可以与某些类型的真菌共生(互利共存)。

最复杂的海藻是褐海藻。墨角藻、螺旋藻和昆布快速依附在礁石上,可以长达数米。它们通常具有片状叶漂浮在水面上,并含有叶绿素进行光合作用。

像陆生植物一样,较大的海洋藻类利用光合作用,但不同之处在于:海藻没有吸收水分的特殊根系;它们缺乏类似木质部(陆生植物利用这些小的内部管把水送到叶子处)的内部组织。此外,与大多数陆地植物不同,一些海藻能够适应长期的干燥环境。

▶ 藻类生长在海洋的什么地方?

较大的藻类(宏观)通常附连到坚固的表面;它们也生长在流动或静止的水中的岩石上。在海洋中,它们通常生长在潮间带和潮下带,比如海带最深生长深度可达879英尺(268米),这取决于水的透明度。小型的藻类(微观)通常是单细胞、自由浮动的生物。它们是海洋中上层食物链的一个主要部分。

▶ 为什么藻类对古代生命非常重要?

在岩石中发现的单细胞藻类化石已经超过十亿年。人们认为,绿藻和蓝绿藻是地球上出现的一些最成功的植物。这样小的单细胞植物能够在超过十亿年的时间里如此良好地生存下来,真是令人吃惊。

▶ 什么是藻类学（phycology）？

藻类学也被称为"algology"，是研究藻类的科学。藻类学来自希腊语的"phykos"，意为"海藻"；"algology"来自拉丁文，意为"海草"。

▶ 为什么藻类这个词经常被误解？

这个词经常被误解，因为藻类有很多种类。"藻"这个词仅仅是指能够进行光合作用的任何水生生物体。

▶ 科学家如何对藻类分类？

像所有生物体的分类一样，科学家对于藻类也没有绝对的分类法。传统上，不能运动（主要通过依附）的藻类被认为是植物，能运动（主要是自主游动）的种类被认为既是植物也是动物，即使它们能够进行光合作用。现在，一些科学家将藻类分入不同的界；一种分类法把多数藻类归入植物界；而另一种分类法把藻类归入原生生物界；蓝藻除外，它被归入真核细胞界。

这场争论短期内不会结束。有研究表明，至少16种品系的藻类具有共同的祖先，包括蓝藻、硅藻、棕藻、绿藻、红藻。就藻类的分类达成一致之前，科学家还需要进行更多的研究。

▶ 藻类有哪些种类？

藻类有许多种类，其中包括：

红藻（红藻门）：这些藻类是真核细胞生物（由复杂的细胞构成），在海洋环境中最常出现。它们缺乏大部分其他藻类具有的叶绿素-b（但它们具有叶绿素-a作为代替），并具有特殊的蓝色和红色色素。因为它们的繁殖过程中细胞分裂不完整，每个细胞之间保持"纹孔联结"；其实际的繁殖过程是非常复杂的。某些红藻的细胞壁也负责生产两种重要物质——多糖琼胶和角叉菜胶。这两者具有悬浮、乳化、稳定和胶凝特性，被用于生产一些食品。

褐藻（褐藻门）：这些藻类主要生活在海洋环境中，但它们缺乏其他藻类具有的叶绿素-b。相反，它们拥有另一种类型的叶绿素-c，以及特殊的具有光合作用的黄色和深红色素。许多褐藻能够生长到很大尺寸，比如我们所知道的海带，可达到100英尺（30米）长。在商业上，可以从褐藻海带中获得海藻酸钠，这是一种同琼脂和角叉菜胶相类似的多糖成分（可以在食品中用作悬浮剂、乳化剂、稳定剂和胶凝剂），其他褐藻还可以用作维生素和肥料的来源。

绿藻：这些藻类具有单细胞或群细胞（集落）。它们类似于大多数植物，同时拥有叶绿素-a和叶绿素-b，并且能够储存淀粉作为营养源。有几种绿藻生活在海洋中。例如，某种类型的绿藻的细胞壁中还有文石（碳酸钙的一种形式），这种藻类对珊瑚礁的形成和生存发挥了重要作用。

甲藻：这些小生物是海洋食物链的重要组成部分，它是浮游植物（小型植物体），具有长鞭毛或鞭状尾巴，这能让它们在水体中上下移动。它们往往具有多层覆盖的细胞物质。

硅藻：这些单细胞浮游植物（小型植物体）生活在海水和淡水中，甚至可以生活在潮湿的土壤中。它们是浮游植物最常见的类型之一。硅藻没有鞭毛（鞭状尾巴），因此不能依靠自己的力量移动。

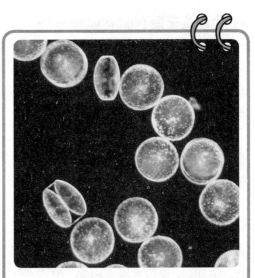

硅藻是单细胞浮游植物，不能靠自己的力量移动。它们很常见，在海水和淡水中都能找到。（CORBIS图片/道格拉斯·P.威尔逊；弗兰克·莱恩图片社）

一小群鲆鱼进食丝状藻类，这些藻类长在由水下管道形成的人造珊瑚礁周围。（国家海洋和大气管理局海洋资助计划；詹姆斯·麦克维博士）

▶ 什么是蓝藻（cyanobacteria）？

蓝藻是微观的有机体，它们类似于细菌，因为它们缺乏核膜（它们是单细胞或原核生物）。蓝藻也能进行光合作用，因而可以自己制造食物，但大多数科学家把它们列为细菌，而不是藻类。

蓝藻通过二元分裂（一个细胞分裂成两个相同的细胞）、孢子生产和萌发或通过多纤维丝的断裂来繁殖。蓝藻对许多植物的生长和保持健康十分重要，特别是那些生长在土地上的植物。这是因为它们是地球上仅有的几种可以采集惰性气体氮，并将其转化为有机形式（如硝酸盐、氨等）的生物体之一。这些有机形式的氮被称为"固氮"，植物的生长需要它们。事实上，化肥的部分工作就是通过向土壤中加入固氮，使植物的根吸收它。某些类型的蓝藻也会造成一些问题。例如，一种鞘丝藻能引起"游泳者瘙痒"，当人的皮肤暴露在这种蓝藻生活的水中时，会引起皮肤的过敏反应。

▶ 为什么蓝藻一度被认为是蓝绿藻？

因为能够进行光合作用和生活在水中，蓝藻一度被称为蓝绿藻。但它们与真核藻类无关。然而，确实有蓝绿藻这种东西，它们是真核藻类（具有复杂的细胞）。蓝藻是细菌的单细胞亲戚。

▶ 所有的蓝藻都是蓝绿色的吗？

不是所有的蓝藻都有蓝绿颜色。它们的颜色范围包括蓝绿色和紫色。蓝藻的名称和部分颜色来自一种名为c-藻蓝蛋白的蓝色色素，这种色素用于捕获光线以进行光合作用；它们还携带一种红色色素，称为c-藻红蛋白。令人惊讶的是，蓝藻还携带叶绿素-a，这是植物用于光合作用的色素，但是这种绿色素被其他两种色素遮盖了。

也有些蓝藻是红色或粉红色的，这是由于c-藻红蛋白色素，这些种类的蓝藻经常被发现生长在水槽、下水道周围，甚至潜伏在玻璃温室。另一种蓝藻是螺旋藻，它使非洲火烈鸟呈现出粉红色。

▶ 为什么蓝藻对地球上的生命进化十分重要?

蓝藻对地球上的生命进化十分重要,这是因为它们和真核生物(复杂的细胞)之间的关系:在寒武纪(5.05亿—5.44亿年前)早期的某一时刻,蓝藻开始在某些真核细胞内生存,为它们的宿主提供食物,以此换来栖身之地。这被称为内共生,是线粒体结构(含有产生能量的酶的特化细胞)的起源,这种线粒体结构最终在真核细胞内得到进化。

蓝藻对地球上的生命进化的另一种重要作用涉及植物的起源——叶绿体,植物为自己制造养分的物质,实际上是生活在植物细胞内的蓝藻。

▶ 什么是叠层石(stromatolite)?

叠层石中大多是古老的蓝绿色蓝藻,可能是海洋中最早的生命形式之一。这些微生物分泌石灰,建造起坚硬而庞大的分层蘑菇形结构。许多地方都发现了叠层石化石,最古老的标本发现于澳大利亚的诺思波尔附近。这些古老的叠

海藻可以有多种形式:图上显示海藻形成的毯状物覆盖了爱尔兰戈尔韦郡康尼马拉附近卡瑟尔湾海岸的岩石。(CORBIS/麦克德夫·埃弗顿)

层石将氧气释放到空气中，对地球早期大气中氧气的聚集发挥了重要作用。叠层石仍然生活在地球上；它们被发现的地方之一是西澳大利亚，特别是鲨鱼湾（在印度洋上）。

▶ 在海岸边最常见的大型藻类是什么？

海水中最常见的大型藻类主要生活在潮间带和不到300英尺（100米）深的清澈海水中：它们是绿色（绿藻）、蓝绿色（蓝藻）、褐色（褐藻）和红色（红藻）的藻类。

▶ 什么是海藻（Seaweed）？

海藻是一种更大型的藻类。最常见的是褐色和绿色的海藻，即褐藻和绿藻。

▶ 海藻真的可以食用吗？

是的，最出名的海藻（实际上红藻）之一是紫菜，这是许多人饮食的重要组成部分。各种褐藻，包括流行的裙带菜、海带和羊栖菜，都是很多人食谱的一部分，尤其是在日本。

▶ 什么是马尾藻（Sargassum）？

马尾藻是一种海藻，与它的藻类亲戚（生长在海岸附近）不同，它在深海中生长。这种褐藻生长在马尾藻海的表面。在大西洋西部百慕大附近比较平静的一大片水域，马尾藻形成了一个漂浮的海藻岛屿，覆盖的面积相当于三分之二个美国的大小。这种海藻的短柄处有气囊；它们是表栖或自由漂浮的植物，通过无性繁殖的形式（通过植物的断裂碎块）进行繁衍。

在漂浮的大片马尾藻中间，生活着庞大的动物种群，包括蠕虫、苔藓虫、虾、蟹、鱼、水螅。许多动物通过模仿海藻的颜色和质地来适应环境，以便躲避捕食者。还有的生物会利用海藻的运输作用：例如幼海龟经常"坐"在海藻上游入海洋。

虽然有700万吨海藻生活在马尾藻海，但它们的厚度并不妨碍人类的航行。

海带是一种褐藻，能够长到约200英尺（60米）长，在海底形成水下森林。图为一名潜水员正游过那里。（国家海洋和大气管理局/海洋和大气研究国家海底研究项目；W.布什）

偶尔，大块的海藻会断裂并漂走，被冲到美国东部海岸。

▶ 是否有其他类型的马尾海藻？

是的，沿着美国东海岸的海域还发现了其他种类的马尾藻，从缅因州到佛罗里达州大约分布有15种不同的马尾藻。有一种叫做蚊马尾藻，是底栖（附着在海底）类型，在科德角南方被发现。

▶ 什么是海带(kelp)？

海带是一种大型集群生活的褐藻（或褐色海藻）。它们可以长成相当庞大的体积，有时长达200英尺（60米）；有时它们可以形成枝状藻丛。最大的海带生长在北美的西海岸，它们在岩石底部成长，超越受海浪冲击的区域。大西洋沿岸的海带较小，长度仅达到约10英尺（3米），主要生长在潮位线的下方。人们经常采集海带，用作食品或工业原料。公牛海带和羽巾海带是常见的海带类型。

▷ 什么是海带丛林?

海带丛林是褐藻(或褐色海藻)大量生长形成的。它们可以覆盖几英里的海域,有高耸的植被厚檐。这些海带丛中生活着种类丰富的海洋生物,其中包括常见的海獭。在加州中部的海岸,这些动物居住在海带形成的海藻床上。

人类也收割快速增长的海藻床。大部分海带被加工成褐藻胶,这是一种稳定剂和乳化剂,应用在许多产品上,包括油漆、化妆品和冰激凌。

▷ 科学家研究世界最大的海带丛林后有何收获?

洛马角海带丛林群落位于圣迭戈海岸外。研究人员对这些海带床的生态系统进行了多年研究,试图确定影响海带丛林的各种进程,包括气候的季节性变化。他们已经确定,具有全球影响的气候事件,如厄尔尼诺现象(南美洲西海岸水域的周期性变暖)和拉尼娜现象(同一水域的周期性变冷)会影响海带,而较小的局部的气候变化则不会产生影响。例如,在9年的研究时间里,巨藻属的海带并没有受到其他海带物种的竞争。但是加州带翅藻,一个重要的下层海带(顶层树冠以下)种群因光线限制和巨藻的竞争而表现出生长和繁殖减少现象。这种现象发生在巨藻迅速生长的拉尼娜现象期间。反之,当厄尔尼诺现象导致巨藻生长不良时,下层海带的生长要好得多。

浮 游 生 物

▷ 什么是浮游生物?

浮游生物大多是微小的动物和植物体,在海洋表面的海水中漂浮或微弱地游动。有些浮游生物是单细胞,而有些则是伴随着菌落的多细胞结构。浮游生物这个词来自希腊语"planktos",意味着漂流或徘徊。

浮游生物的数量巨大,多种多样;它们可以按照许多种方式分类。一种分类方式是区分它们进行光合作用的能力；拥有光合作用能力的浮游生物（主要是藻类）被称为浮游植物，没有光合作用能力（通常指动物）的浮游生物被称为浮游动物。浮游生物的划分并不以植物或动物的特性为基础，因为一些浮游生物可以表现出兼有植物和动物的特质。

▶ 哪种浮游生物显示出兼有动物和植物的特点？

例如眼虫，通常被认为是浮游植物（植物类浮游生物），它含有叶绿素（用于光合作用）。但是如果水质变化和光线变暗，这些生物将被迫去寻找食物，而不是通过光合作用制造食物。因此，它们兼有动物和植物的特性。

▶ 如何划分浮游生物？

浮游生物的一种划分方法（或分类）是基于它们的尺寸，从不可见到肉眼可见。下表列出了各种尺寸的浮游生物的名称以及一些通常的示例。

名　　称	尺寸（微米）注	示　　例
超微浮游生物	小于5	
微型浮游生物	5—50	原生动物（单细胞浮游生物）
小型浮游生物	50—500	无脊椎动物的卵或幼虫
中型浮游生物	500—5 000	
大型浮游生物	5 000—50 000	桡足类
巨型浮游生物	大于50 000	大型水母

注：1微米相当于1米的一百万分之一（0.000 001米）

▶ 哪些海洋动物吃浮游生物？

在良好的海洋环境中很少或没有严苛的污染物或自然灾害，浮游生物一经产生就会被吃掉，以浮游生物为食的动物，常见的有海蜇、栉水母、某些虾、鲱鱼、凤尾鱼，甚至巨大的蓝鲸和灰鲸。

▶ 为什么浮游生物对海洋生物非常重要?

浮游生物是海洋食物链的基础。所有的浮游生物要么被较大的捕食者吃掉,比如鱼或鲸,要么死亡后沉入洋底。

▶ 谁是维克托·汉森?

德国科学家维克托·汉森是著名的1889年浮游生物科学探险项目的主任。这项探险的目的是对海洋中的所有生物进行系统分类。汉森负责命名探险中发现的最小生物体——浮游生物。

▶ 什么是浮游植物(phytoplankton)?

浮游植物是生活在海洋和多数其他地表水(比如淡水湖、河流和池塘)中的植物性浮游生物。这些小植物生活在最深约100至130英尺(30至40米)的水中。类似于陆地上的植物,浮游植物进行光合作用,利用太阳光制造给予它们能量的食物。

▶ 浮游植物占海洋植物多大比例?

浮游植物大约占海洋植物数量的90%,是最丰富的浮游生物(它们在数量上远远超过动物性浮游生物即浮游动物)。单就个体而论,它们是非常小的,但它们的数量庞大!

微小的凤尾鱼是一种吃浮游植物的鱼类,接近食物链的底部。(国家海洋和大气管理局/海洋和大气研究国家海底研究项目)

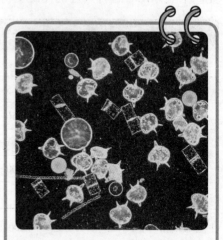

腰鞭毛虫是浮游植物,有鞭状尾巴能够在水中上下移动。(CORBIS图片/道格拉斯P.威尔逊;弗兰克·莱恩图片社)

▶ 什么是甲藻（dinoflagellate）？

甲藻是一种浮游植物,有很长的鞭毛,或鞭状尾,因此这种生物能够在水体中上下移动。甲藻经常有多层覆盖的细胞物质,某些种类甚至有多层覆盖的纤维素板。一些甲藻能够发出生物光,这种浮游植物种群中还包括那些导致赤潮的生物,海水会因甲藻丛生变成"红色"。

▶ 什么是硅藻（diatom）？

硅藻是一种单细胞浮游植物,存在于所有类型的水中(海洋和淡水),甚至

磷虾是一种大型浮游动物,是南极海洋食物链的基础。(CORBIS/彼得·约翰逊)

存在于潮湿的土壤中。在海洋中,它们被分为两种类型:拉长形或圆形(轮型)。也有一种硅藻具有类似褐藻的色素,它们的细胞壁由二氧化硅构成。

硅藻被认为是最常见的浮游植物之一,同甲藻一样,硅藻是温带海洋沿岸地区最丰富的浮游植物。不像甲藻,硅藻没有鞭毛(鞭状尾巴),因此不能依靠自己的力量在水中移动。相反,它们进化出一定的方式来保持漂浮在海洋中,包括特殊的刺;某些硅藻能将自己同其他硅藻相连接形成长链,以提高其浮力。

▶ 硅藻化石叫什么名字？

硅藻壳化石积累起来被称为"硅藻质",这些粉笔状的沉积物由二氧化硅构成。它经常被用于过滤和作为研磨料使用。

▶ 最常见的浮游动物种类是什么？

桡足类是在表层海水中含量最丰富的浮游动物。它们是世界上数量最大的甲壳类动物,在淡水和海水中发现了超过6 000种。它们的长度不到1英寸(刚超过1毫米),有各种不同的身体形状。

其他浮游动物要大得多,如珊瑚和鱼类的幼体。这些动物在交配季节释放出数量巨大的幼体,这些微小动物中的极少数能够长到成体,捕食者以这些数量巨大的微小动物为食。

▶ 以植物为食的浮游动物有哪些?

一些浮游动物,如桡足类和磷虾吃浮游植物。这是有原因的:这些动物尺寸很小,它们无法咀嚼较大的植物或动物。

▶ 最大的浮游动物是什么?

磷虾是最大的浮游动物之一,这是一种小型的,像虾一样的磷虾属甲壳类动物;磷虾的大小约0.5至3英寸(1—7厘米)。许多较大型的动物以这些小浮游动物为食,包括滤食性进食的蓝鲸,以及类似的其他鲸种。

▶ 为什么桡足类浮游生物对海洋生命如此重要?

桡足类浮游生物是许多海洋食物链的重要组成部分。它们不仅喂养了较小的微生物和浮游植物,也是较大型动物的重要食物。

▶ 什么是肉食性浮游动物?

一种名为箭虫的肉食性浮游动物被誉为"浮游动物中的老虎"。这种生物以动物为食,攻击并吞噬和自己一样大或比自己大的猎物。多数箭虫约0.4至1.2英寸(1至3厘米)长,形状像飞镖。它们可以自由游动,拥有较多的几丁质牙齿。它们本身也是更大型动物的目标,被看作是食物来源。

▶ 浮游生物死掉后会怎样?

浮游生物是海洋中的一种重要的食物来源,它们也很多产,这意味着大量的浮游生物还没被捕食者吃掉就死掉了。印度洋的浮游生物很丰富,那里90%

的海底淤泥含有浮游生物的遗骸。印度洋的夏季季风时节降雨充沛，气候温暖，浮游生物大量繁殖，为生物体提供了更多的养分。当浮游生物死亡后，只有最坚硬的部分（耐侵蚀的有机物质或骨架）被保留下来，这些物质通常破碎后慢慢从海洋表面降到海底。科学家对这种淤泥感兴趣的原因之一是它是一种记录，相当于过去几千年的自然"气候档案"，因此值得研究。

▶ 浮游生物和全球气候之间是否有联系?

一些科学家认为，浮游生物，尤其是浮游植物和全球气候之间存在重要的联系。这些浮游植物周期性地使用碳和其他在大气中的元素。如果大气中的二氧化碳增加，地球的平均气温可能会升高。浮游生物从空气中的二氧化碳中除去碳，用于它们自己的呼吸；当它们死亡并下沉到海洋底部时，也能存储一些碳。但是如果某些营养物质，如铁、氮或磷不足时，浮游植物可能无法充分发挥其潜力，这意味着更少的碳从大气中被吸收掉。成熟浮游生物数量的减少是否足以引起重大的气候变化仍是未知数，但科学家正在研究这种可能性。

▶ 臭氧层破洞是否会影响浮游生物?

是的，一些科学家相信，臭氧层破洞（我们大气中被破坏的地球保护层区域）可能对浮游生物产生重要影响。也许这在南冰洋和北冰洋（分别围绕南极和北极）尤其真实。每年南半球春季的几个月，保护南极和周围的海洋免受紫外线辐射的三分之二臭氧层会被破坏；北极地区多达一半的保护层每年也会短期失效。（这些臭氧层的变化被认为是由来自工业和商业排放的化学物质造成的。）

因为浮游生物对太阳辐射的增

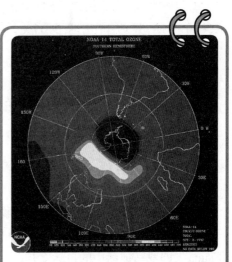

1997年10月美国国家海洋和大气管理局发布了这张图，显示臭氧层在南极的"空洞"。许多科学家认为臭氧空洞扩大严重影响了海洋食物链。（美联社照片／国家海洋和大气管理局）

加很敏感,臭氧层减少(或者换句话说,臭氧层破洞的增加)会影响这些海洋生物。当臭氧水平降低时,科学家们注意到南极海的浮游生物损失了6%至12%。而且,由于浮游生物是海洋食物链的基石,它们数量的降低可能会影响海洋中所有的生命。浮游生物可以被看做是海洋中的"草原":如果磷虾吃不到浮游生物,那么海洋哺乳动物也就吃不到磷虾。

▶ 为什么太阳辐射会减少浮游生物的数量?

科学家最近发现,浮游藻类的生殖细胞对太阳紫外线辐射的敏感度是该生物成熟细胞的许多倍。这意味着,太阳辐射对浮游生物的影响可能在春季达到最大值,这时是浮游生物繁殖的峰期。如果事实证明确实如此,海洋浮游生物可能会发生发育迟缓。因为这些动物是食物链的基础,臭氧洞的扩大可能对海洋生物产生严重影响。

研究人员发现,浮游生物的无性孢子(某些藻类繁殖的一种方式)对太阳紫外线B辐射的敏感程度是成熟藻类的6倍。当生物体暴露于增强的辐射中,通过测量可以确定光合作用的速度降低了。自由游动的配子是某些类型浮游生物的繁殖方式,对辐射更易感:暴露在紫外线B辐射下1小时(相当于臭氧层减少30%)后,其光合作用减少65%,导致该浮游生物的生长速率降低约17%。

海 洋 动 物

▶ 什么是动物群(fauna)?

动物群是对生活在地球上的动物的另一种称谓。这个词也用于描述某一区域、栖息地或地质地层(岩石层)中所有动物的生命。这个词来自拉丁语"Fauna",即罗马神话中的自然女神。

▶ 如何描述海洋动物?

生活在海洋中的动物种类繁多,许多海洋居民是独一无二的,完全不同于它们生活在陆地上的表兄弟。有些动物相当奇怪,没有腿、眼睛和耳朵。其他一些海洋动物外观和行为像植物,永久性地依附在岩石或海底,在那里它们夺取氧气和从它们身边经过的食物。

　　无论是静态或移动,所有海洋动物都从环境中获得食物,它们无法自己生产食物,一定要获取和消费有机物质来生存。像陆地动物一样,海洋动物可以是食草(吃植物)的,也可以是食肉(吃肉或其他动物)或是杂食性(既吃植物也吃动物)的。

▶ 什么样的动物栖息在海洋中?

　　有数百种动物栖息在海洋中,以下只列出了主要种群。

海绵(多孔动物门)	
腔肠动物	水螅虫(水螅门)　水母(钵水母门)　海葵(珊瑚虫门)　珊瑚
栉水母门	栉水母
海洋蠕虫	
苔藓虫(苔藓虫门)	
软体动物(有7个纲,100 000种,生活在近岸地区)	蜗牛和其他单壳动物(腹足纲)　石鳖(多板纲)　双壳软体动物(双壳纲)　鱿鱼和章鱼(头足纲)
节肢动物(占所有陆地和海洋动物的75%)	螯肢动物(马蹄蟹,蜘蛛和螨)　昆虫　甲壳类(蟹、虾、龙虾,几乎所有的海洋节肢动物都是甲壳类动物)
棘皮动物	海星　海蛇尾　海胆　海参
被囊动物(脊索动物门)	海鞘
鱼(脊椎动物,40 000种已知脊椎动物中有接近50%是鱼)	软骨鱼类(软骨门——鲨鱼、魟鱼和鳐鱼,占鱼类总数的10%)　硬骨鱼(硬骨鱼门——金枪鱼、鳕鱼、鲑鱼等,占鱼类总数的90%)
海洋爬行动物(40 000种已知脊椎动物中的14%是爬行动物)	鳄鱼　海龟　海蛇
鸟(生活在海上与岸边)	海雀　水鸟(浅水涉禽)　白鹭、苍鹭和朱鹭　海鸭　鸥、燕鸥、剪嘴鸥　鸬鹚　鹈鹕　塘鹅　军舰鸟　远洋鸟类(如海燕)　翠鸟　鱼鹰
海洋哺乳动物	鲸(鲸类)——须鲸和齿鲸(齿鲸包括海豚和鼠海豚)　海豹、海象、海狮(鳍脚目)　海牛(海牛目)　海獭(鼬科)

▶ 什么是灭绝？

当一个物种从地球上完全消失就是灭绝。生物灭绝发生在整个地球历史中，而且往往由自然现象引发，比如受到一个天体（如彗星）的撞击。这种撞击会导致大量物质被高抛到大气中，阻挡太阳光，改变局部或全球的气候，具体影响取决于撞击物体的大小。

到了近代，生物灭绝的速度急剧加快，大多数科学家相信物种灭绝同人口的增长存在联系。换句话说，因为人口的增加，导致了更多的物种灭绝，且发生的速度越来越快。目前生物灭绝的速度是每天消失一个物种。

▶ 什么是濒危生物（endangered organism）？

当一种植物或动物处于灭绝的紧急危险中就是濒危生物。在大多数情况下，这些生物体的种群数量非常低，它们需要主动保护（通常由政府实施）才能生存。不幸的是，尽管动物被列入濒危名单并加以保护，它们的数量往往仍在下降。

例如，南方海獭由于在20世纪早期被猎取（其皮毛）而濒临灭绝边缘，虽然它们受到保护，但数量仍然只有几千只。这是因为这些海獭非常容易受到包括漏油等污染的影响。也有其他濒危的生物得以东山再起，如灰鲸的数量大增，最近已被从濒危物种名单中删除。

▶ 濒临灭绝的海洋动物有哪些？

有许多濒临灭绝的海洋动物。这些动物的生存处于危险之中，原因有很多，包括它们的栖息地消失（或严重减少）、污染甚至人类活动的影响（例如海洋哺

 ▶ 游得最快的海洋动物是什么？

已知游得最快的海洋动物是旗鱼。其速度能达到每小时68英里（109公里）。

乳动物会被渔网缠住或与船只碰撞)。海洋哺乳动物濒危名单上包括：南方海獭、海牛、僧海豹，以及座头鲸、蓝鲸、长须鲸、鰮鲸、露脊鲸和北极露脊鲸等。

▶ 什么是受威胁的生物?

受到威胁的生物是指处于危险之中、如果种群不断减少(或者更确切地说，继续减少)将被重新归为濒危的生物。

▶ 受到威胁的海洋动物有哪些?

有许多海洋动物处在受威胁的状态。例如，北海狮现在正在受威胁的海洋动物名单上，其种群数量急速下降。研究和环保人员要不断监控海洋动物的种群，以确定它们是否受到威胁，因此，受威胁动物名单经常变化(有些摆脱了危险，而其他一些则被移到濒危名单)。

▶ 海洋中最小的动物是什么?

最小的海洋动物是海洋原生动物，一种彻底的单细胞动物。这些微小的动物捕捉食物，进行呼吸，并且清除多细胞生物的废物。它们与浮游生物一道生活在深海层的顶部。原生动物能爬、匍匐、游泳和快跑，它们食用细菌、其他原生动物、硅藻(微型植物)和微小的有机碎屑。

海洋中常见三种原生动物：

肉足虫：这个词的含义是"蠕动肉"，它描述了这些动物如何移动。它们有胶状的躯体，这些胶状物渗出来形成了"脚"拉着其移动。最常见的海生肉足虫是有孔虫(大部分在深海发现)和放射虫(大多生活在海洋上层)。变形虫也属于肉足虫，但海洋中几乎没有变形虫。

纤毛虫：这些生物总数超过8 000种，覆盖着纤毛或毛状结构。它们使用纤毛运动、进食和呼吸。这些生物大多单独生活，能自由游泳，也可以附着成群落生活。在它们之间往往有砂粒，在那里它们进食细菌和植物细胞，以及捕食栖息在同一地区的其他生物。

鞭毛虫：鞭毛虫有鞭状尾巴称为鞭毛，它们靠鞭毛摆动而四处移动，它们也可以以一种鞭毛附着于岩石上群落生活。大多数的这种动物进食微小的有机微粒或细菌。

食 物 链

▶ 什么是食物链？

食物链是一个复杂的、环环相扣的体系，生命体彼此之间以及和环境之间相互依存。营养物质也从一个生物体、植物或动物传递到另一个。地球上没有任何生命形式能够保持隔绝并独立于环境或其他的生命形式，无论是海洋还是陆地上的生命，都结合在一起，形成一个永无休止的生死循环。无数的细小生物形成了食物链的基础，而顶部则是大型的生物。

▶ 食物链是如何工作的？

食物链通常从浮游植物开始，这是简单的植物生物体，有能力依靠无机物制造出食物。它们在光合作用中使用太阳光作为能量。这些小生物是食草性浮游动物（微小的草食动物体）的食物，草食浮游动物又会被食肉浮游动物（微小的以动物为食的动物体）吃掉。反过来，这些浮游动物可以成为较大的动物比如鱼的食物，而小鱼又被更大的鱼吃掉。在食物链中没被吃掉的生物最终会死亡，沉入水底，并维持细菌的生存，细菌会把它们的复杂有机体转化为简单的无机养分，细菌反过来也会被较大的生物吃掉。

由细菌产生的营养物质主要通过海流最终上升到海洋表面，到达浮游植物中间。这些营养素被微型植物（浮游植物）所利用，重新开始循环。事实上，一个区域提供食品的潜力通常取决于这些营养素再循环到达海洋顶层的速度。

▶ 海洋中只有一种食物链吗？

不是，海洋中有许多单独的食物链。这些食物链可以重叠和交叉，形成复杂的食物网。

▶ 什么是生产者、消费者和分解者？

在海洋中，生产者是植物，因为它们通过光合作用自己制造食物。消费者是动物，因为它们消耗有机材料，而不是自己制造。最后，分解者是细菌，因为它们分解有机物质（死亡的有机体）使之成为无机养分。

▶ 对于食物链顶端的捕食动物会发生什么？

不会成为猎物的动物被称为顶级捕食者，最终它们会死亡并沉入海底。它们的尸体通过被称为"清道夫"的动物，比如蟹、龙虾、鲨鱼等吃掉。细菌也会侵蚀遗体并将其分解。这一过程将有机物质分解为简单的无机养分，然后再循环到海洋表面，在那里它们被重新消费掉。

▶ 海洋食物链会受到什么因素的影响？

海洋食物链直接受到其中的生物数量影响，它也能够被外部变化严重影响（因为这些变化会对食物链中的生物本身产生影响）。生物数量能够被一系列活动而改变，比如自然灾害（例如地震、洪水或火山爆发）、天气和气候变化（例如厄尔尼诺和拉尼娜等海洋现象）以及人类活动（例如化学品倾倒、漏油或过度捕捞）。

▶ 哪种生物是海洋食物链的基础？

在食物链的底部是数十亿微小植物，主要是硅藻等浮游植物（微小的植物有机体），它们是在大多数海洋食物链的第一环节。

▶ 是否有不依赖阳光的食物链？

有，确实有不依赖于阳光或光合作用的食物链。在海底火山的热液喷口附近有处于食物链底层的生物，它们依赖喷口周围温暖、富含矿物质的海水，而不是阳光来制造自己的食物。

鲨鱼处于海洋食物链的顶层,是肉食和食腐动物。(国家海洋和大气管理局/ORA国家海底研究项目)

▶ 什么是食物网?

食物网是在一定时间内特定地区食物链的复杂交叉。科学家们利用食物链来考察食物链中动植物之间的关系以及植物和动物自身之间的相互关系。食物网则更难确定,因为在不同地区(以及不同食物链)的物种之间的关系并不那么容易理解。对于食物网的科学解释往往是猜测的结果。

海洋中的微小生物

▶ 海洋细菌是什么样?

生活在海洋中的细菌(单细胞或无细胞核的微小生物)在所谓的生物地质

化学过程中起了重要作用,尤其是在将有机物质分解为无机养分的过程中发挥了实质性的作用。从沿海到深海的各个海域都有细菌生存。

海洋细菌有许多类型。例如,在深海中经常会发现发光细菌或发光微生物。这些细菌可以成为监测污染的指标:科学家曾使用这些细菌确定水的毒性,因为当这些生物暴露在某些化合物中时,它们就会变暗。

▶ 在海洋的最深处是否也有微生物?

是的,微生物(只能通过显微镜观察到的生物体或细菌)被发现生活在海洋最深处的马里亚纳海沟(在太平洋)挑战者海渊中。1996年,"海沟"号深潜器下潜到挑战者海渊,在这样的深度收集到第一批海底样品。在实验室里,科学家从淤泥中检测到越来越多生物,他们确定了数百种细菌、古生菌和真菌,大多数类似于生活在其他深海地区的品种。他们还发现,细菌喜爱寒冷的环境,在4℃的环境内孢子可以生存。研究人员还确定,这些细菌可以抵抗相当于海平面1 000倍的压力。科学家们正在努力研究这些微生物抵抗如此巨大压力的基因。

▶ 海洋细菌和铁元素之间是否有联系?

是的,科学家们最近发现,海洋细菌受到海洋铁含量的影响。一些海洋细菌需要吸收铁和碳以便生长:没有铁,微生物就会向大气中释放出大多数二氧化碳,而不是产生新细胞。此外,科学家们现在还了解到这些细菌会同浮游植物(植物有机体)争夺铁;以重量相比较,细菌的含铁量是浮游植物的两倍。但科学家还没有确定这些联系的重要性。

三 海洋哺乳动物、鸟类和爬行动物

海洋哺乳动物的定义

▶ 什么是海洋哺乳动物?

海洋哺乳动物是呼吸空气、吸热(温血)的脊椎(有一个硬骨或软骨形成的骨骼)动物。它们的幼体从母体中产生,幼体出生后得到母亲的照顾和喂养。

▶ 海洋哺乳动物是如何演进的?

大约3.5亿年前(古生代时期),一些两栖动物离开海洋登上陆地。一些两栖动物进化成为爬行动物,一些爬行动物演变成哺乳动物,还有一些哺乳动物最终回到了大海,演变成海洋哺乳动物,比如今天的鲸、海豹和海牛。

海洋哺乳动物是相对较新的生命形式,出现在新生代,经历了大约6 500万年的演化。海豹和海象似乎在约6 500至5 400万年以前的古新世第三纪就已经出现。海牛可能起源于约5 400至3 800万年前的更新世中期。

鲸被认为出现于始新世早期,但这种说法存在争议。事实上,最近科学家们在喜马拉雅山麓发现了一个新的鲸种类的颚骨化石,这种鲸名为喜马拉雅鲸。该化石表明鲸可能比人们以前认为的大约5 350万岁要更古老一些。

▶ 海洋哺乳动物与陆生哺乳动物有何相同特点？

海洋哺乳动物保留了陆生哺乳动物的主要特征，例如四心室的心脏、双凹红细胞、隔膜呼吸肌和口腔内的硬腭和软腭。它们也和陆生的哺乳动物一样，承担抚养幼兽的责任，并通过乳腺产奶喂养幼体。

▶ 海洋哺乳动物如何适应海洋环境？

经过数百万年的海洋生活，海洋哺乳动物发展出特殊功能以适应海洋环境，使它们能够生存和发展。这些适应包括为了在水中移动身体所需的强壮尾巴；更低的代谢率，使它们能够使用较少的氧气，一层厚厚的脂肪以隔离来自海洋的低温以及具有更高脂肪和蛋白质含量的奶水，以便抚养它们的幼体。

▶ 海洋哺乳动物的主要种群有哪些？

海洋哺乳动物的主要种群是鲸目，例如鲸鱼、海豚和鼠海豚；鳍脚目，例如海豹、海象和海狮；海牛目，主要是海牛；以及鼬科，例如海獭，这是鼬鼠家族（包括獾、狼獾和水貂）的一员。

▶ 游速最快的海洋哺乳动物是什么？

目前已知游速最快的海洋哺乳动物可能是塞鲸，短距离内速度可达每小时35英里（60公里）。一些科学家认为，逆戟鲸（虎鲸）可能是一个势均力敌的竞争者。逆戟鲸在追逐猎物时，游速可能达到每小时42英里（70公里）。

▶ 什么是最大的海洋动物和哺乳动物，同时也是生活在地球上的最大动物？

海洋中最大的动物和哺乳动物，以及曾经生活在地球上的最大动物是蓝鲸。这种鲸的长度可以达到几乎100英尺（30米）。据估计，世界上约有6 000至10 000头蓝鲸，它们分布在大西洋、太平洋、印度洋，以及南北极附近。

1998年3月初,一条40吨重、60英尺(16米)长的蓝鲸被发现漂浮在罗得岛纳拉甘西特湾。这种罕见的哺乳动物是世界上最大的动物之一,这具蓝鲸尸体被美国海岸警备队拖到附近的海滩,在那里科学家们(如图所示)可以检查它。(美联社照片/罗伯特·巴顿)

▶ 海洋哺乳动物有多聪明?

根据生物行为学家爱德华·威尔逊的研究,小齿鲸(这一种群包括许多种类,其中最出名的是逆戟鲸)和海豚(约有80种)是最聪明的两种海洋哺乳动物。事实上,在地球上十种最聪明的动物(不包括人类)中,小齿鲸排名第七,海豚排名第八。

▶ 同人类相比较,海洋动物的屏气能力如何?

人类和某些海洋哺乳动物的屏气能力肯定存在明显差别。虽然人类可以游泳,但我们是陆地居民,我们对陆地环境最为适应。而海洋哺乳动物习惯于海水环境,随着时间的推移而形成了许多适应特征。下面的列表给出了某些哺乳动物可以屏气的平均时间。

哺乳动物	平均时间（分钟）	哺乳动物	平均时间（分钟）
普通人类	1	海豹	15—28
采珠者（人类）	2.5	格陵兰鲸	60
海獭	5	抹香鲸	90
鼠海豚	15	长吻鲸	120
海牛	16		

▶ 某些海洋哺乳动物能潜多深多久？

下表列出了某些海洋哺乳动物能够到达的最大深度和它们能在水下待的最长时间：

哺乳动物	最大深度（英尺/米）	水下最长时间（分钟）
长吻鲸	1 476/450	120
长须鲸	1 148/350	20
鼠海豚	984/350	6
抹香鲸	超过6 562/超过2 000	75—90
威德尔海豹	1 968/600	70

鲸 和 海 豚

▶ 什么是鲸类动物？

鲸类是指所有鲸目海洋哺乳动物，其中包括鲸、海豚和鼠海豚。这一目又被分为两个亚目：齿鲸和须鲸。齿鲸包括海豚、鼠海豚以及著名的逆戟鲸（虎鲸）；

须鲸(又称为无齿鲸或鲸骨鲸)包括座头鲸和灰鲸。

▶ 什么是鲸类的特点?

鲸类具有宽阔的尾巴,耳朵很小,并且无毛。它们身体呈流线型以方便游泳,并通过水平尾鳍(从尾巴伸出的两叶)的上下运动来推动前进。它们利用鳍状肢来操纵和稳定自己的姿态。这些动物有皮下脂肪层用来储存能量并保暖。

▶ 用来形容须鲸的"须"(Mysticeti)一词起源何处?

须鲸的"须"这个术语来自希腊语的"小胡子"(mustache)一词。这是因为这些鲸的鲸须有点像毛茸茸的上唇胡须。

▶ 须鲸有哪些种类?

构成须鲸的种类包括蓝鲸、长须鲸、露脊鲸、小须鲸、灰鲸和座头鲸。蓝鲸长度可达98英尺(30米);长须鲸长度可达82英尺(25米);露脊鲸最长可达56英尺(17米);小须鲸长度在26至33英尺(8到10米)之间;灰鲸长度从40至50英

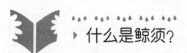

▶ 什么是鲸须?

须鲸的嘴部有一种称为鲸须的结构,这是一系列有毛状条纹的柔性角蛋白板,从鲸的上颚垂挂下来。这些板的长度可达2至12英尺(0.6至4米),鲸类中的露脊鲸具有较长的鲸须。在进食时,这些动物只是张开嘴巴,让充满磷虾和其他微小浮游生物的海水灌入。它们随后闭上嘴,迫使海水流过鲸须。在海水流过时,磷虾和其他浮游生物被截留在鲸须内,鲸须基本上起到一个过滤器的作用。这些食物被鲸的舌头从鲸须上刮下来,整个吞下肚。

露脊鲸(从上部俯视)属于须鲸,居住在北极海域。(国家海洋和大气管理局)

尺(12至15米);座头鲸长达49英尺(15米)。

▶ 齿鲸有哪些种类?

齿鲸超过65种,包括海豚和鼠海豚。这些鲸中最为人熟知的是抹香鲸,长度为36至66英尺(11—20米);巨头鲸可长达20英尺(6米);海港鼠海豚一般长约4至5英尺(1.5—2米);宽吻海豚和瓶鼻海豚长度在6至12英尺(2至4米)之间;逆戟鲸(虎鲸),可以长到23英尺(7米)。

▶ 齿鲸吃什么?

齿鲸是食肉动物,用牙齿抓住它们的猎物,然后整个吞下。齿鲸菜单上的主食是鱿鱼和鱼类,但有些种类的齿鲸也会吃其他的海洋动物。

▶ 齿鲸如何在水下定位自己的猎物?

所有齿鲸利用其高度发达的听觉系统来定位水下猎物。经过数百万年的进化,齿鲸已经失去了嗅觉,但保留了相当不错的视觉。在水下,视力不总是有用,特别是当海水阴暗或很少甚至几乎没有光线时。为了克服这些问题,齿鲸用自己的声呐来进行回声定位。

▶ 鲸鱼如何呼吸?

鲸是哺乳动物,必须呼吸空气,它们不像鱼,不能从周围的海水中获取氧气。为了呼吸,鲸的鼻子长在头顶(称为气孔)。这意味着只要动物的身体表面接触空气,鼻子就会暴露在空气中。鲸首先呼出旧的空气(类似"吹"的动作),然后吸入新鲜空气,封闭鼻子,潜入水中,在水中基本上保持屏住呼吸,直到它再次浮出水面。

须鲸拥有两个气孔,齿鲸只有一个。抹香鲸的气孔位于其前额的左侧,所以这种鲸的喷射水柱呈45度角,不像其他鲸呈90度向上喷射。

当鲸潜水时,其身体循环过程缓慢,切断向身体的非关键区域提供氧气。这样可以减少它消耗的氧气量,并且增加呼吸之间的时间间隔。

虽然生活在水里,但鲸是哺乳动物,必须呼吸空气。这幅照片中,鲸(画面中心附近的白色水珠)通过位于其头顶的气孔呼吸。[国家海洋和大气管理局/约翰·伯顿拉克指挥官,国家海洋和大气管理局兵团(退役)]

▶ 鲸是否迁徙?

是的,鲸也会迁徙。例如,朝鲜灰鲸从西伯利亚海岸外的鄂霍

一头长须鲸和她的幼崽。长须鲸是一种须鲸,成熟的长须鲸可达到82英尺(25米)长。
(CORBIS 图片/朱迪·格里斯迪克)

次克海旅行到韩国的岛屿。加州灰鲸的迁徙距离是所有哺乳动物中最长的,它们每年从白令海沿北美西海岸前往下加利福尼亚,旅程约12 700英里(20 434公里)。每年秋天,这些鲸离开白令海的夏季觅食地前往下加利福尼亚的浅水潟湖,冬天它们在那里生下幼鲸。到了春天,它们向北返回白令海。

▶ 为什么鲸会迁徙?

大多数鲸似乎主要因为两个原因而迁徙:可获得的食物量;交配和分娩周期,而这两个因素都受到季节影响。例如,座头鲸夏天在大西洋西部由巴哈马群岛,向北迁徙至乔治海岸、科德角甚至冰岛去觅食;冬天它们迁移回南方进行繁殖。在东太平洋,一些座头鲸沿着北美海岸上下迁徙,其他一些则在夏威夷群岛(在那里它们度过冬天并繁殖)和阿拉斯加湾(在那里度过夏季并觅食)。鲸如何在深海中定位目前尚不清楚。一些科学家认为,鲸利用地球磁场定位自己。

大型鲸之间的重量和长度相差多少?

下面是几种较大型的鲸,它们来自两个亚目(须鲸和齿鲸),其重量和长度排列如下:

鲸	平均重量(吨)	最长长度(英尺/米)	鲸	平均重量(吨)	最长长度(英尺/米)
蓝鲸	84	98/30	座头鲸	33	49/15
长须鲸	50	82/25	塞鲸	17	49/15
抹香鲸	35	59/18	布氏鲸	17	49/15
弓头鲸	50	59/18	灰鲸	20	39/12
露脊鲸	50(估计)	56/17	小须鲸	10	30/9

灰鲸有何独特之处?

灰鲸(一种须鲸)的独特之处在于其进食方法。像其他须鲸一样,灰鲸使用鲸须在排出海水时把食物留在嘴里。

但是这种居住在北太平洋的约39英尺(12米)长的活跃的中型鲸,比仅仅在嘴里灌满水又排出的做法更进了一步。人们观察到,这种鲸游过海底,然后侧过身,来回移动它们的头部。这种行为惊动了栖息在海底的各种甲壳类动物,迫使它们向上游。灰鲸用舌头顶住口腔底部同时扩大它的喉咙凹槽,以此产生一股吸力,将猎物从短鲸须下方拉入嘴中。可以把这想象成是灰鲸版本的真空吸尘器,从海洋底部清理甲壳动物!

尽管此行为只在被饲养的鲸身上观察到,有许多因素表明这也是野生鲸的典型的进食方式。灰鲸的鲸须在嘴一侧通常较短,并且常常很少有藤壶生长在那里,这表明该种进食行为不仅对于这些动物非常常见,也是它们为了运用这种吸水特技而进行的生理适应。

露脊鲸的遭遇如何?

露脊鲸是最濒危的大型鲸。在世界范围内,露脊鲸的数量已经减少到350至400头。许多露脊鲸原产于北大西洋,在北半球的冬季向南迁移至佛罗里达,

灰鲸是北太平洋居民。此图中的灰鲸是在波弗特海捕捉到的三头鲸之一，它是一项美俄联合救助行动的目标。(国家海洋和大气管理局/国家海洋和大气管理局军官团行动办公室)

白鲸是一种成群游动的鲸(从上空看这一群至少有10头)。(国家海洋和大气管理局/巴德·克利斯曼上尉，国家海洋和大气管理局军官团)

在夏天则返回加拿大。但是，这些迁移中的鲸的数量显示近年来只有很少数量的鲸产下幼崽。

人们正在试图保护露脊鲸的重要栖息地。例如，从1994年开始，新英格兰海洋馆在美国东南部启动早期预警系统，让船舶知道正在产崽的露脊鲸的相对位置。每到冬季，海洋馆的研究人员每天飞过露脊鲸的产崽区域；然后向海岸警卫队、海军和当地的港口飞行员传递信息，这些人再将信息传递给军事和商业船只。

▶ 鲸是否成群游动？

是的，大多数鲸成群结队地旅行，成为小群，每种鲸在小群内的旅行方式各不相同。例如，一些鲸，如逆戟鲸以家庭为单位紧紧聚在一起；其他鲸类则以大群形式一起游动，比如宽吻海豚，它最多有十二头生活在一起；而还有一些鲸类，如灰鲸，往往单独游动或母鲸和它的幼崽一起游动。

▶ 座头鲸会唱歌吗？

是的，座头鲸会唱"鲸歌"，但科学家们尚不知道它们是如何发出声音的。座头鲸没有声带，但它们的声音（归类为真正的歌）覆盖所有鲸类能发出的最宽的声音频率。非常奇怪的是，当鲸唱歌时，没有空气被释放到水中，这与人类不同，当人唱歌时，不得不迫使空气通过声带以发出声音。

大多数鲸"歌手"是男性，大部分的歌曲是在繁殖地唱的。许多研究者认为，这些歌声涉及动物的求爱行为，要么是为了吸引配偶，宣告哺乳动物的能力，要么是划分一个领土范围。鲸歌传播速度很快，能够达到很远的距离，因为在水中声音传播的速度是在空气中的3.5倍，传播距离是在空气中的4.5倍。有些座头鲸的歌曲可以在数公里外被听到，如果歌声的频率足够低，传播距离甚至可达100英里（161公里）。

▶ 座头鲸是否处在危险之中？

是的，座头鲸处于危险之中。它们被列为濒危物种，并因此得到全世界的保护。不到一个世纪以前,这种须鲸的数量大约有12万头;因为商业捕鲸,它们的数量最终减少到约1万头。如今,其数量甚至还没有1万头,只有一些零星的繁殖场所依然存在。座头鲸不仅面临捕鲸者的威胁,而且也面临污染和人为干扰(主要是座头鲸同航海船舶之间发生的意外事故)的影响。

▶ 抹香鲸是什么样子的?

几乎所有人对抹香鲸的印象都来自美国作家赫尔曼·梅尔维尔在他的经典小说《白鲸》中所描述的样子。(在这个故事中,白鲸被描述为一条"巨大的白色鲸鱼",实际上它是一条白色的抹香鲸,是亚哈船长的克星。)抹香鲸是一种齿鲸,有巨大的钝型鼻子和方形的头。实际上,头部占了抹香鲸身体约三分之一的长度。它们可以长到35吨重,59英尺(18米)长。它们也有地球上所有哺乳动物中最大的大脑(也许这就是为什么梅尔维尔选择了这种特别的鲸作为故事的主角)。它们生活在各大洋中,是大型鲸中数量最多的。

▶ 为什么抹香鲸会被猎杀?

抹香鲸在过去遭到广泛的猎杀,现在仍遭到某种程度的猎杀,因为一系列的原因。首先它们是鲸蜡的来源,那是一种从鲸类动物头部的油质中提取的白色蜡状物质,也是龙涎香的来源(从鲸的消化道中获得的物质)。这两种物质可用于制造化妆品。鲸蜡也用于制造蜡烛或持久燃烧的灯油。该动物的其他部分,如鲸油,也很有价值。因此抹香鲸的数量逐步减少。

▶ 海豚和鼠海豚之间的区别是什么?

也许从图片上难以区分它们,但如果你看到海豚和鼠海豚并排游动的话,就会发现这两种齿鲸之间的差异。这些海洋哺乳动物大约有40种,它们有不同的口鼻部和牙齿结构。真正的海豚有鸟喙状的鼻子和锥形的牙齿;真正的鼠海豚有一个圆形的鼻子和扁平或铲状的牙齿。

◉ 海豚与人类有哪些相似之处？

海豚和我们看上去完全不一样，但研究人员最近发现，海豚基因组（染色体组）和人类基因组基本上是同源的。仅仅有少数几个染色体改变了遗传物质组合的方式。正因为如此，科学家们正在研究生病的海豚和零星的死亡案例，试图确定这些动物如何应对疾病和不幸暴露于污染物的情况。一些研究人员想知道海豚能否变成众所周知的"煤矿里的金丝雀"，当环境中有太多毒素时能向人类出信号。

海豚伴随国家海洋和大气管理局公务船"佩拉斯"号游动（1985年）。（国家海洋和大气管理局；国家海洋和大气管理局"佩拉斯"号船员）

◉ 什么是虎鲸？

虎鲸的另一个名字是逆戟鲸。这些食肉性哺乳动物是体形最大的海豚；雄性可长达30英尺（9米），雌性则较小。大多数逆戟鲸是黑白两色的，虽然有报道称一些全黑或白色的逆戟鲸，它们的幼体是黑色和橙色的。这种齿鲸以小群进行捕猎活动，在全世界都有分布。

像许多大型海洋生物一样，逆戟鲸没有天敌。但它们追捕其他生物，并且只是为了进食而非运动（"虎鲸"这个名称严重夸大了它的凶猛，它们也很少攻击人类）。它们捕食鸟类、鱼类和鱿鱼，它们也是唯一捕食哺乳动物的鲸，它们的食物包括较小的海豚、海豹和鼠海豚。成群的逆戟鲸甚至还有可能攻击须鲸。

◉ 什么是浮窥（spyhopping）？

虎鲸，会表现出一种名为浮窥的行为。这时每只虎鲸都垂直"站立"，半

虎鲸在南极冰海中换气。（国家海洋和大气管理局）

个身子浮出水面。它们这样做是为了环顾四周,看到水面上的情况。

▶ 什么是回声定位（echolocation）?

回声定位是某些动物（包括蝙蝠）用来确定物体的形状、大小和距离的过程。它是基于动物发出和接收的声波。科学家尚不知道大多数海洋哺乳动物,比如抹香鲸的回声定位是如何工作的。目前为止,已经完成的最完整研究是针对小型齿鲸的,如海豚。（毕竟研究一只不是大到能吞下你的动物要容易得多!）

海豚可以在水下产生多种声音。一些声音,如鸣叫、呻吟和尖叫,被认为在与其他海豚的通信中使用。海豚还可以发出一系列非常短的叩击声,这是在进行回声定位。这些叩击生成的频率可以高达每秒800次,并且被认为是从海豚的气孔中发出的——由海豚前额的一个器官中发出的持续性声音脉冲。

（这个器官是海豚头部的瓜状物，一个由蜡质组织形成的大型透镜状器官，位于头顶和上颚之间。）

当这些发出的声波撞击到目标，比如鱼，一些声波反射回来，以回声的形式返回给海豚。这些反射回来的声波通过这种动物的骨质下颚被接收，被发送到骨封闭的内耳，并转换为神经冲动，被发送到大脑。在那里，发送叩击和回声返回之间的时间差经过计算后用来确定目标的距离。

海豚能够改变叩击产生的速度，以便传出的回声可以在发出叩击之间被接受。这种动物采用低频叩击来进行扫描，使用更高频率的叩击做出更精确的测定。通过这种复杂的过程，海豚可以连续确定一个水下物体的形状、大小和距离以及该物体的运动方向。

▶ 是否有其他海洋哺乳动物也使用回声定位？

有。除了齿鲸，一些须鲸，如蓝鲸和灰色小须鲸，也使用回声定位。这种功能不仅限于鲸类，一些鳍脚类动物，如加州海狮、威德尔海豹、海象，也使用回声定位。

▶ 最近发现的化石提供了鲸进化的哪些线索？

科学家最近发现了一种以前未知的鲸属种，这种鲸到目前为止还没有被命名。富有经验的化石爱好者在华盛顿州奥林匹克半岛安吉利斯港和卡拉莱姆湾之间的一个采石场发现了一具几乎完整的化石。这具化石的骨头散布在各处，其中许多被打碎了。它们是在一块2 800万年前渐新世形成的海底区域被发现的。正是在这一时期，鲸发生了重要的进化。

科学家们精心复原了该动物，发现了这一标本的独特性。根据重建的骨架，这种鲸大约15至18英尺（4.6至5.5米）长，大小相当于现代的小露脊鲸。小露脊鲸重3.25到4.6吨，是一种最小的须鲸。这种古代鲸无齿，有鲸须（沿着上颚分布的板），在从嘴部排出海水的同时获得食物。其气孔长在它的口鼻部，而非头顶。此外，该鲸的臂骨长度和肋骨附着在脊椎骨的方式更像陆地哺乳动物。因为更晚时期进化的鲸骨同陆地动物已经不再相似，科学家正在研究这种鲸是否代表了该物种进化中的一个阶段。

海豹、海狮和海象

▶ 什么是鳍脚目动物（pinniped）？

鳍脚目动物是一类肉食性海洋哺乳动物。"鳍脚"这个词意味着鳍状的足（或者说是"带翼的脚"），因为鳍脚类动物四肢通过进化都演变成鳍状肢。鳍脚目动物是肉食性的，包括海豹、海狮和海象，这些动物在陆地上非常笨拙，但在水中非常敏捷。

▶ 如何区分海豹、海狮和海象？

这类（鳍脚目）动物在外观上非常相似，很容易彼此混淆，但它们也有重要

在陆地上，海狮用四肢行动。它们居住在南北美洲和新西兰的海岸。（国家海洋和大气管理局/巴德·克利斯曼上尉，国家海洋和大气管理局军官团）

的区别。海豹没有外耳,只能用前肢在陆地上运动。而海狮有耳朵,在陆地上用四肢走动。海狗是介于海豹和海狮之间的类型,它们有耳朵,用四肢移动,身上有厚厚的绒毛。海象实际上是海豹的近亲,它们没有外耳,但用四肢移动。这种大型动物也因为它们的长牙而出名。

▶ 什么是海象?

海象是一种巨大的海洋哺乳动物,虽是海豹的近亲,但构成一个独特的种类。它们是巨大的长着长牙的鳍脚目动物,栖息在大西洋和太平洋北部靠近北极浮冰的寒冷水域。雄性海象比雌性个头大,平均体长超过10英尺(3米),体重经常超过2 500磅(1 135千克)。海象有一层厚厚的脂肪来抵御寒冷的恶劣气候。海象最突出的特点是两个突出的獠牙,无论雄性还是雌性都有,这种獠牙实际上是延展的犬齿,用于保卫领地和求偶。

虽然海象体型大得多,但它们的身体和海豹有很多共同的特点。像海豹一样,海象没有外耳。这些动物的脸上有腮须和刷子一样的胡须,它们的皮肤

海象在光滑的岩石上晒太阳。除了北极熊和为了获取其长牙和油脂而进行捕猎的人类外,海象没有别的天敌。(国家海洋和大气管理局/巴德·克利斯曼上尉,国家海洋和大气管理局军官团)

上有短的红色毛发。海象以贝类为食,当不在海底搜索贝类时,它们大部分时间都待在浮冰上休息和睡眠。海象是社会性动物,生活在大群体中,由体型最大的雄性统治,妻妾成群。这种大型鳍脚目动物的唯一天敌是北极熊,北极熊主要捕食海象幼崽。人类也对海象构成威胁,主要是为了获得象牙和油脂而捕猎它们。

▶ 什么是海狮? 它们住在哪里?

海狮可以被认为是有外耳的海豹,它们都是海狗的近亲,但不像它们的堂兄弟那样身上有毛绒外套,结果成为狩猎对象。海狮生活在太平洋地区。在种类上还有星海狮,它们生活在阿拉斯加和普里比洛夫群岛(白令海东南部);加利福尼亚海狮,生活在北美洲西海岸和加拉帕戈斯群岛;南美海狮,生活在南美洲西海岸;胡克尔海狮,生活在新西兰。

▶ 什么是海豹?

海豹这个名称通常使用得非常随意,可以指任何鳍脚目的海洋哺乳动物,包括海象和海狮。但科学家对海豹的狭义定义是真海豹,这是一种"无耳"的海豹。这些海豹其实有耳朵,但位于体内。换句话说,它们缺乏可见的外耳。此外,这种"真海豹"只使用它的前肢在陆地上运动。

在大约17种海豹中,只有一种生活在温暖的水中,其余的都居住在寒带和温带水域。真海豹在陆地上行动笨拙,但在水中非常敏捷。它们是食肉动物,喜欢吃鱿鱼、鱼以及无脊椎动物。

▶ 海豹如何捕猎?

最近,科学家在一只威德尔海豹身上安装了微型摄像机。这只海豹深吸了一口气,潜入了330英尺(100米)深的南极冰盖下,跟踪它的猎物约20分钟,然后换气。在威德尔海豹跟踪猎物的视频中能够发现几件有趣的事情:海豹有敏锐的视力,它们通过视觉捕猎,而非人们一度认为的听觉;海豹从鼻孔中吹出一串爆裂的气泡,"鼓励"藏身在冰层裂隙中的猎物逃进开阔的水域;它可以游到

一只威德尔海豹幼崽,尽管威德尔海豹使用回声定位(声呐),科学家最近发现这种动物也有敏锐的视觉并用以捕猎。(国家海洋和大气管理局/约翰·波特莱克指挥官,国家海洋和大气管理局军官团)

距离猎物几厘米的距离而不被发现;最后,在水下游过1或2英里(1英里约等于1.61公里)后,海豹可以通过自己的方式回到冰层表面的一个小洞口换气。

▶ 真海豹有哪些种类?居住在哪里?

下表列出了一些种类的真海豹和它们的栖息地:

通用名称	栖 息 地	通用名称	栖 息 地
环海豹	西伯利亚海岸	威德尔海豹	南极
环斑海豹	北极	罗斯海豹	南极
斑海豹	北太平洋	豹海豹	南极
北方象海豹	北美西部	食蟹海豹	南极
南方象海豹	南美	港湾斑海豹	缅因湾

什么是海狗？

海狗，通常被称为海熊，和海狮属于同一家族，两者都具有外耳。它们有双层被毛，绒毛（或底层被毛）非常密集和柔软，因而不幸成为猎人的珍贵猎物。海狗的品种包括北方海狗、阿拉斯加海狗、加拉帕戈斯海狗、澳大利亚海狗和南极海狗。

▶ 最大的鳍脚目动物是什么？

最大的鳍脚目动物是象海豹。雄性象海豹可超过20英尺（6米）长，而雌性只有其一半的大小。

▶ 什么是象海豹？

象海豹是最大的鳍脚目动物，能够长到16到20英尺（5—6米）长；一些雄性体重可达7 500磅（3 405千克）。它们每年只上岸两次，一次蜕皮（它们在一个月内换掉皮肤），一次交配。在其他时候，它们离岸生活寻找食物。它们的平均寿命为20年。

▶ 如何识别雄性象海豹？

雄性象海豹的一个主要特点是它的大鼻子，或者说吸管。这种长在动物脸部正面的巨大结构实际上是一种第二性征：随着雄性的发育成熟，鼻子也不断增长，在大约8至10岁时发育完全。雄性象海豹在交配季节用鼻子显示目的，它们把自己的鼻子高高伸向空中，同时大吼着挑战其他雄性同类。

▶ 象海豹是否濒临灭绝？

象海豹并非接近灭绝，但它们仍然面临危险。19世纪，人们看重它们身上油脂的价值（作为人类照明的燃料），象海豹被捕杀濒临灭绝。20世纪前期，它们的数量有所恢复，但现在再次面临威胁。现在，象海豹面临的危险来自同一海域生活和捕食的渔民。问题的根源在于它们的体重：雄性象海豹平均体重达到7 500磅（3 405千克），幼崽在断奶时也重达300磅（136千克）。为了维持这个庞

象海豹是最大的鳍脚类动物，雄性能够长到超过20英尺（6米）。（国家海洋和大气管理局/理查德·伯恩指挥官，国家海洋和大气管理局军官团）

大的身躯，它们必须吃掉大量的鱼和乌贼，而渔民捕捞同样的食物。换句话说，象海豹在和渔民争夺食物。

为了更多地了解这种海洋哺乳动物，科学家正在巴尔德斯半岛（阿根廷巴塔哥尼亚保护区的一部分）进行一项长达数十年之久的象海豹种群研究，这是世界上第四大象海豹种群，也是唯一一个海象豹数量仍在不断增长的栖息地。

大海牛、儒艮和海牛

▶ 什么是海牛目？

属于海牛目的海洋哺乳动物包括大海牛、儒艮和海牛。这些水生生物是食草动物。

▶ 什么是大海牛？

大海牛这种海洋哺乳动物能够长到10英尺（3米），几乎没有毛发，依靠一层脂肪来抵御低温。它们的学名来自古希腊诗人荷马的《奥德赛》中的水中女妖，这些女妖引诱奥德修斯的水手撞到岩石上。这暗示古代水手认为大海牛实际上是美人鱼。

▶ 什么是儒艮？

儒艮是大海牛的一种，生活在非洲近海和南太平洋，但大多数栖息在澳大利亚附近，在那里儒艮的生存受到了威胁。儒艮最近的陆地亲戚是大象，它也是海洋中唯一完全草食性的哺乳动物。儒艮吃的大多是海草，它们用自己的长着短毛的口鼻在海湾和河口的浅滩上挖掘食物。它们有两个鳍状前肢，但没有后肢。它们的尾巴宽大，能推动自己在水中以每小时约13英里（21公里）的速度游动。虽然它们可能看起来行动迟缓，但其实很敏捷，一些科学家相信这种动物的智力相当于鹿。

▶ 什么是海牛？

海牛是一种皮厚且布满褶皱的海洋哺乳动物，儒艮的近亲。事实上，儒艮和海牛唯一的区别是它们的栖息地：海牛通常生活在佛罗里达海岸，虽然它们的生存范围从北卡罗来纳州一直延伸到佛罗里达。海牛无意间为海洋船只提供服务，它们使用短毛口鼻来掘食令人生厌的水葫芦，防止它们堵塞缓慢流动的河道。和儒艮一样，海牛也濒临灭绝。

▶ 为什么海牛和儒艮面临危险？

其中一个主要的原因是它们的胃口：因为它们在河口和浅海湾掘食海草，因此比大多数海洋动物更容易碰到游艇。海牛每10至15分钟要浮上水面换气，剩下的时间里，它经常平躺在水面以下的浅水中，因此往往会被船只撞到。此外，它们的动作非常缓慢，无法逃离船只的冲撞。因此，许多海牛都受到螺旋桨或渔网的伤害；它们的栖息地也非常容易被淤泥填满，更不用提污染和石油泄漏的危害。

海妖的诱惑？这只布满皱纹的厚皮海牛属于海牛科动物。(CORBIS 图片/布兰登·D.科尔)

人们正在努力保护海牛和儒艮，特别是加强对它们数量的研究，以及不打扰它们的栖息地。例如，佛罗里达海岸的海牛受到密切关注。许多被遗弃的幼兽或受伤的海牛被保护者做上标记后再释放到野外，然后通过卫星加以监控。

人们希望密切关注新生海牛数量，以衡量种群数量的收缩和增长。在西澳大利亚的浅水区，法律对船只和人能够多么接近儒艮做出了规定：船只不能靠近到330英尺（100米）以内，人不能靠近到100英尺（30米）以内。

海　獭

▶ 什么是海獭？

海獭是最小的海洋哺乳动物，它们同陆地上的祖先相比，在外形上的改变也最小。雄性包括尾巴在内常常长到4.5英尺（1.35米），重约45至100磅（20

至45千克）。它们是生活在淡水溪流中的水獭的近亲，并且是黄鼠狼家族的成员（鼬科）。

▶ 是否有不同种类的海獭？

是的，海獭有三个亚种：南部海獭（生活在加州海岸）、阿拉斯加海獭和亚洲海獭。这些种类之间的差异包括头骨的形状和身材的大小（通常阿拉斯加海獭能长到最大）。

海獭在熟悉的位置躺着吃饭、休息和睡觉。（国家海洋和大气管理局/约翰·波特莱克指挥官，国家海洋和大气管理局军官团）

▶ 海獭吃什么？

海獭是肉食性动物，它们捕食各种类型的海洋生物，包括海胆、贝类、鱼类和各种海洋无脊椎动物。每只海獭都有自己喜爱的食物。一只可能更喜欢海胆，而另一只则更愿意吃鲍鱼。

这些动物花费大量的时间寻找并潜入水中进食，因为它们必须不断地进食才能维持生存，它们每天消耗相当于体重20%至25%的食物。海獭经常用自己的前爪（前脚掌）挖掘海底以发现穴居动物，如蛤蜊等。它们也是少数会用"工具"来获得食物的动物之一。当一只海獭潜入水中找到鲍鱼时，如果鲍鱼牢牢地依附在岩石上，它可以使用石头当作"铁锤"把贝类敲下来。它也会用石头挖蛤蜊。海獭在其左腋下有一个小袋囊，可以在游泳时存储石块或某些食物。

海獭会带着捕获物浮出水面，在水面吃掉食物。它们强壮的牙齿可以咬碎蟹壳和一些贝类。但硬壳海产品，比如鲍鱼，必须撬开才能吃。一些海獭能够通过用石头敲击外壳来做到这点，另一些海獭则把石块放在自己的胸部，然后用贝类敲击石块来粉碎其外壳。即使海獭不需要用石头作为工具，比如阿拉斯加海獭就能找到丰富的软壳动物作为食物，它仍然有能力这么做。

▶ 海獭如何休息?

海獭似乎躺着做一切事情,无论吃饭、休息还是睡觉。当一只海獭睡觉时,它会用海带把自己裹住,以防止漂走。这些动物躺在水面上时把四肢伸出水面,它们的四肢没有绒毛保护,这样做可以保存热量。海獭不同于其他海洋哺乳动物,它们没有防寒的脂肪层。相反,它们拥有所有动物中最细腻、致密的皮毛,每平方英寸有100万根毛发(每平方厘米15 000根),这些毛发能够捕获空气帮助保暖。

▶ 是否有某种海獭已经灭绝?

有一段时间,科学家们认为加州海岸的南部海獭已经灭绝,主要是因为19世纪的毛皮贸易。但现在我们知道一小群这种海獭幸存在大苏尔周围地区,这一种群承担着最终恢复加州海岸海獭的责任。今天,沿该州的中部海岸250英里(402公里)的范围内有2 200只左右海獭,而原来的数量大约是20 000只。目前人们仍有一些顾虑:20世纪90年代末的调查显示南部海獭数量比前几年有所下降。科学家们不知道这种减少是否是由于疾病、污染或在捕鱼陷阱中意外溺死。

▶ 阿拉斯加阿留申群岛的海獭出现了什么情况?

阿拉斯加阿留申群岛某些栖息"口袋"的海獭数量不到十年的时间里锐减了90%。科学家直到最近才知道为什么:他们认为,饥饿的逆戟鲸一直像吃爆米花一样捕食海獭。这个问题正进一步延伸:没有海獭,海胆(海獭常见的食物)的数量正在迅速增加,导致海底的海藻森林缩小。

为什么逆戟鲸会转而对海獭胃口大开? 通常当它们捕猎海狮和海豹时会放过海獭。科学家认为,过度捕捞和海水温度上升可能是根源,这些因素造成了鱼类种群的下降。由于商业船队在该地区过度捕捞,在20世纪80年代后期,这里靠鱼生存的海狮和海豹数量下降到了原来的10%。当只有更少的海狮和海豹可以捕食时,逆戟鲸转向依靠海獭作为食物来源。这些鲸离开更深的远洋来到海岸地区来搜索海獭。阿留申群岛的问题是一个明显的例子,告诉人们当食物链中的一个环节被打乱时会发生什么情况。

海　鸟

▶ 什么是鸟类?

鸟是一种温血的脊椎动物,通过产卵来繁殖,它们被认为是从爬行动物进化而来的。鸟属于动物界,拥有自己的类别,即鸟纲。鸟有四肢,前肢演化成了翅膀。

▶ 海岸和海洋中有多少种鸟类?

只有大约300种鸟类生活在海岸和海洋,占世界上(陆地和水域)鸟类总数的3%左右。虽然海鸟缺乏多样性,但它们拥有庞大的数量。大多数鸟类聚集地出现在海洋生命丰富的地区,比如在南极海域(也叫南大洋)、秘鲁和智利海岸。海洋鸟类通常分为两组,海禽和岸禽。海洋鸟类的食物多种多样,包括蠕虫、甲壳类、双壳类、鱼类、蛇和老鼠。

红冠鸬鹚和罕见的角嘴海雀(它们有黑色背羽和压扁的喙)分享岩石悬崖上的栖息地。(国家海洋和大气管理局/巴德·克利斯曼上尉,国家海洋和大气管理局军官团)

▶ 什么是海禽?

海禽有时也称为海鸟,被一些鸟类学家(研究鸟类的动物学家)用来概括大部分时间生活在海中或海上的任何鸟类。这些鸟类包括一些人们熟悉的水鸟,如鲣鸟、塘鹅、军舰鸟、潜鸟、鸬鹚、海鹦、鹈鹕、某些野鸭、海鸥和燕鸥等。

"海禽"一词特别适用于信天翁、海鸥、海燕和雨燕,这些鸟类经常被发现飞翔在海上。除了在繁殖季节或者跟随船舶以便追逐丢到舷外的废物,这些鸟类的生活远离陆地。不可思议的是,这些海禽是数量最多的飞越海洋的鸟类。事实上,它们中的一种——威尔逊雨燕一度被认为是世界上数量最多的鸟。

▶ 是否有鸟类终生都在海上生活?

有,信天翁几乎终生都在海上生活,只是每隔一年到陆地上来筑巢。

▶ 什么是岸禽?

岸禽包括许多种鸟类,它们在河口、岩石海岸、沙滩、滩涂、防波堤以及沼泽的浅水中漫步,寻找自己的猎物,但它们不会游泳。这些鸟似乎彼此颇为相似,尤其是鹬类。岸禽通常有"隐蔽"型保护色,或者说头部颜色较深,这是它们接受阳光最多的部位,而身体下部颜色较浅。这种颜色使得这种鸟类很难在海滩上被发现,甚至更难确定它们的种类。因此,观鸟者和鸟类学家通过它们的喙、腿或行为来识别这些动物。

一只鹗守卫着位于特拉华州印第安河口美国海岸警卫队导航设备上的巢。这种海岸居民只吃鱼,常被称为鱼鹰。它们栖息在海岸和内陆河流湖泊中。(国家海洋和大气管理局/国家海洋和大气管理局"佩莱斯"号船员)

▶ 岸禽和海禽彼此是否有不同之处?

是的,就像陆栖鸟类一样,

它们之间有很大不同，甚至同一个种类内也有很多不同的喙。大多数鸟类有适应自己需要的喙，以便在各自生活的陆地或海洋环境中捕猎和进食。例如，红胸秋沙鸭是一种岸禽，具有尖刺状的喙，喙的边缘有锯齿，它可以用喙来抓住并撕开甲壳类动物。体型更大的黄脚鹬也是一种岸禽，有长而薄的喙，可以用来刺穿或抓住鱼类或壳类，或在泥沼中探寻。信天翁是一种海禽，它的喙适应在深海中捕食鱼类。

有着长喙的红背沙鹬是一种岸禽。(弗莱德·马克)

▶ 常见的岸禽有哪些？

世界上有许多岸禽，多到本书的篇幅都写不下。但有一些是人们比较熟悉的，比如矶鹬（这种涉禽有细长的喙，它们用喙来探索浅水或泥泞中的甲壳类动物或蠕虫）、翻石鹬（这种短小矮胖的鸟通过翻转岩石和海藻寻找食物）、蛎鹬（这种和鸡差不多大小的鸟有长长的、凿子般的喙，用来撬开壳类）和黄腿鹬（这种和矶鹬类似的鸟捕食鱼类和甲壳类）。

▶ 什么是涉禽？

涉禽是指那些在浅水区域行走的岸禽，它们有非常细长的腿和分开很大的脚趾，使得它们不会陷进泥沙。大多数涉禽也有很长的脖子，当它们飞翔时，脖子折叠成S形或保持笔直。它们的喙可以轻松地在浅水泥浆中搜索或拾起（或刺中）鱼类。它们通常和其他种类的岸禽一起筑巢，形成大的聚居地，它们在沼泽的低矮灌木或树上筑巢。

▶ 常见的涉禽有哪些?

常见的涉禽,包括白鹭、苍鹭和朱鹭。更常见的是雪鹭(一种羽毛为白色的鸟,具有细长的黑色的喙和明黄色的腿)、大蓝鹭(这种4英尺,或者说约1米高的灰蓝色鸟吃各种食物,包括老鼠、蛇和鱼)以及白鹮(一种白色的类似苍鹭的鸟类,有弯曲的喙)。

▶ 什么是海鸭?

尽管鸭子通常不生活在海洋中,但许多种类的鸭子生活在海湾、河口以及开阔的海岸地区。这些鸭类多数是潜水鸟类,它们潜入水底寻找食物而不是在水面进食。海鸭包括红胸秋沙鸭(它主要追逐水下的鱼类为食)、绒鸭(最大品种的鸭类,它们最喜爱吃紫贻贝,吞下整个贝壳,然后用自己的胃底肌将其磨碎)和长尾鸭[它们捕食最深到达水下200英尺(61米)区域内的鱼、虾、贝类,并使用自己的翅膀来推动自己在水下前进]。

▶ 什么是鸥类?

鸥类几乎在任何海岸线都可见到,甚至在广大的内陆地区也很常见。被俗称为海鸥的鸟类实际上是一种鲱鸥,它们在美国东海岸和内陆(水路附近)区域都能看到。它们有长长的翅膀和微弯的喙,通常有白、黑和灰色混合的羽毛。鸥类是杂食动物,这意味着它们既吃肉类也吃植物,也有许多鸥类以腐食为生。它们在鸟类筑巢地点觅食(吃蛋类),也吃蟹、贝类等所有它们认为是食物的东西,甚至包括海滩上野餐的人们手中的三明治。

▶ 什么是燕鸥?

燕鸥是类似于鸥的岸禽,但通常体型较小,呈流线型,它们有分叉的尾巴,而鸥有扇形的尾羽。燕鸥也盘旋在空中,然后潜入水中抓鱼。最常见的是普通燕鸥,这是一种类似鸽子的鸟类,有明显分叉的尾巴。燕鸥在交配季节对外界的干预非常敏感,因此当这种鸟类孵蛋时,其筑巢地点必须被保护起来。

▶ 什么是剪嘴鸥?

剪嘴鸥是乌鸦大小的岸禽,具有大型的刀状喙。最常见的是黑剪嘴鸥,它们的身体上部呈黑色,下部呈白色,具有红色的喙。这种鸟通常滑过水面以追逐和捕捉鱼类以及甲壳类动物。

▶ 什么是鸬鹚?

鸬鹚是黑色的、类似鹅大小的岸禽,在飞行时,它们的脖子向前伸出。鸬鹚经常在游泳的时候潜入水中寻找鱼类,而不是从空中扎进水里。鸬鹚使用脚蹼,有时也用翅膀在水中推动自己,同时把尾巴当做舵。鸬鹚的品种包括双冠鸬鹚(有橙色喉囊,以及很少见的头上双冠)和大鸬鹚(在喉咙上有较大的白斑)。这些鸟类对于它们所处的环境非常重要:它们能够快速地将鱼类处理成营养丰富的粪便,促进这些地区的藻类生长,为大量的无脊椎动物和鱼类提供食物。

▶ 什么是鹈鹕?

鹈鹕是以鱼类和甲壳类为食的大型鸟类。这种鸟最出名的是喙下部的肉质喉囊袋,当鹈鹕捕捉水下的猎物时,这个喉囊袋会膨胀。这个喉囊袋不是用来储存鱼的,而是像勺一样把鱼从水中舀出来。最常见的是褐鹈鹕[具有约7英尺的翼展(超过2米以上),它们会从天空俯冲进水中捕捉鱼,捕食水面附近的鲭鱼、鲻鱼和鲱鱼]和白鹈鹕[有惊人的9英尺(近3米)翼展,它们在游泳的时候捕鱼而不是从空中冲入水中]。

▶ 为什么褐鹈鹕是一种受保护的动物?

在20世纪70年代,褐鹈鹕曾濒临灭绝。像许多敏感的鸟类一样,它们因为接触到DDT(一种现在已经禁用的农药)而导致数量减少。类似加州秃鹰等鸟类,它们的蛋壳变薄,并导致繁殖率下降。由于作为一种濒危动物而受到保护,它们现在沿北美东、西海岸,从弗吉尼亚到佛罗里达,从旧金山到墨西哥已很常见。褐鹈鹕现在已升级为一种受保护动物,而非濒危动物。

由于人类的原因,褐鹈鹕仍然需要保护,其中重要的原因之一是鹈鹕曾经的栖息地现在成了公寓集中地和海堤。另外一个问题是:科学家们最近发现,在佛罗里达州的迈阿密地区,人们每天用捕鱼剩下的大块鱼肉来喂养海鸟,但是,这并不能帮助鸟类:许多用来喂鸟的海产品是石斑鱼甚至是海豚的尸体,鹈鹕无法消化这些大鱼的骨骼。当吞下这些食物后,鹈鹕会飞走,而骨头要么卡住它们的喉咙,要么挤压它们的胃壁,刺破胃或其他器官。在佛罗里达州,海洋机构正在全州的码头张贴教育标语,提醒渔民注意喂养鹈鹕的方法。如果有人想要喂投鸟类,海洋机构推荐他们喂投骨的肉块或较小的鱼,比如石鲈、鲻鱼或兔齿鲷,这是鹈鹕食物的一部分。

▶ 当鸟类迁徙时,是否会飞跃海洋?

是的,许多鸟类,包括海鸟和陆地鸟类(主要是鸣禽)的迁徙路线会经过海洋上空。例如,一种名为白腰叉尾海燕的海鸟,在春天从加拿大飞到美国的马萨诸塞州的岩石岛屿和荒凉海岸上繁殖后代,然后在冬季迁徙到深海地区。在内陆上生活的红宝石喉蜂鸟每年秋天从美国向南迁徙600英里(965公里),包括跨越墨西哥湾,追随花卉的季节性生长(蜂鸟除了吃甲虫、臭虫、苍蝇、蚊蚋和其他昆虫,也吃花蜜)。在春季,它们沿相反的方向迁徙。

▶ 某些海鸟是怎么失去飞行能力的?

一些海鸟失去了飞行能力,因为它们的生活环境主要在海洋岛屿上,那里没有天敌,因此它们也不再需要翅膀来躲避。这些不会飞的鸟类包括南极的企鹅,还有鹈鹕、秧鸡以及生活或曾经生活在海岛上的鸬鹚。许多不会飞的鸟类已经灭绝。其中最有名的是渡渡鸟,这种太平洋海岛上的鸟类已被人类猎杀殆尽。

▶ 什么鸟是最优秀的游泳选手?

在所有鸟类中,企鹅能够拿到最佳游泳选手奖。它们是不会飞的海鸟,但其流线型的外形使它们成为优秀的游泳者。它们可以在水中停留很长一段时间,而不会被寒冷所影响：它们拥有1英寸（2至3厘米）厚的脂肪层和具有防水功能的羽毛，其羽毛下的空气层也能提供额外的保暖。企鹅可以在水中迅速移动，速度高达每小时22英里（35公里），但仅能在水下待约2—3分钟。它们的游泳速度如此之快，以至于可以穿过海浪，在冰面上用直立的双脚安全登陆。它们在陆地上也行动敏捷迅速：它们直立行走，在雪地里，它们经常用腹部滑行。

企鹅不能飞，但是会游泳。图为一对巴布亚企鹅正在水中穿行。（CORBIS 图片／乔治·莱普）

▶ 有多少种企鹅？

世界各地有许多种企鹅，大多数生活在南极海岸、南半球的寒带地区、加拉帕戈斯群岛和南美洲的亚热带海岸、南非和澳大利亚。其中最知名的企鹅是帝企鹅和国王企鹅（这两种企鹅体型最大，它们的种群被称为巨企鹅）；其他种类包括阿德利企鹅、凤头企鹅、黑足企鹅、黄眼企鹅（或黄冠企鹅）和矮企鹅等。企鹅吃浮游动物，尤其是磷虾，还有小鱼、螃蟹和鱿鱼。

海洋爬行动物

▶ 什么是海洋爬行动物？

海洋爬行动物非常类似于陆地爬行动物：它们是冷血动物，呼吸空气，身上覆盖着很多鳞片。虽然40 000种已知的脊椎动物中有14%是爬行动物，但海洋爬行动物的种类极少。它们包括鳄鱼、海龟和海蛇。大多数这些动物仍然同陆地有联系,因为它们在岸上产卵,当卵孵化时,幼体类似于成体的微缩版本。

▶ 什么是鳄鱼?

鳄鱼生活在全世界气候温暖的地区。它们有长长的身体和强有力的尾巴用于游泳或防御。在水中,它们用自己的四肢滑水并掌握方向。在陆地上,它们用四肢缓慢行进,把肚子高举离地面。鳄鱼通常都相当有进攻性,它们咬或甩动尾巴进行防御。鳄鱼吃各种各样的食物,特别是鱼类、大型脊椎动物和腐肉。

一种较为知名的生活在海水中的鳄鱼是美洲鳄,只生活在佛罗里达南部和佛罗里达群岛的海水区域。由于多年的过度捕杀(它们的皮非常珍贵),它们现在濒临灭绝。但这个濒危的称号并不能对它们提供足够的保护,它们的栖息地仍然不断被侵占(由于开发建设),它们也是偷猎(非法狩猎)者的目标。

▶ 鳄鱼和短吻鳄之间的区别是什么?

有两种方法来区分这两种动物:通过它们的尺寸和它们的头部。鳄鱼体型略小,不如短吻鳄笨重,但

黄腹海蛇是一种海洋爬行动物,在南非海滩上滑行。(CORBIS图片/安东尼·巴尼斯特;ABPL)

这只巨大的鳄鱼于1925年在婆罗洲海岸被捕获。这种海洋爬行动物在世界的热带地区都有分布。(国家海洋和大气管理局/杰克·西蒙斯船长家人,C&GS)

鳄鱼的头部较大，它有一个较窄的口鼻部，下颌有一对增大的牙齿，同鼻子两侧的缺口相配合；当下巴闭上时，上下牙齿可见。短吻鳄具有更大的身体和口鼻部，当这种动物的下巴闭上时，只可以看到一些上牙。

美洲短吻鳄和美洲鳄的栖息地也有区别：短吻鳄生活在淡水及微咸水中，而鳄鱼生活在咸水中。

▶ 什么是海龟？

海龟是一种体型轻量的爬行动物，它们用流线型的外壳来保护重要器官。它们有一个笨重的脖子，与许多陆生龟不同，它的脖子不能缩进外壳。海龟的腿肌肉发达，强壮有力，使得一些种类的海龟游泳速度可达每小时35英里（56公里）。世界上有8种海龟，其中包括绿海龟、蠵海龟、玳瑁海龟和棱皮海龟等。海龟的尺寸差别很大：太平洋丽龟重量不到100磅（45千克），而成熟的棱皮龟可长到650至1 300磅（295至590千克）。某些海龟的寿命很长，可以超过100年。

▶ 佛罗里达海龟被什么样的问题所困扰？

佛罗里达的多数海龟品种要么濒临灭绝，要么受到威胁。它们最近所面临的一个问题是乳头状瘤，这是一种潜在的致命疾病，导致该地区的海龟软组织中长出肿瘤。肿瘤不断生长可以覆盖海龟的眼睛，造成失明，海龟因此找不到食物，最终死亡。这种乳头状瘤的真正原因尚不清楚，但一些研究人员相信这可能是由被污染的河水造成的。

另一个危及海龟的问题是与船只相关的受伤不断增多，在海龟的筑巢年份（这时候海滩上有大量的海龟巢），这种伤害可能进一步增加。每当此时，海水中会有更多的海龟，通常也会有更多的人。虽然海龟通常不出现在海面上，在那里它们更容易被通过的船只撞上，但当海龟需要新鲜空气时，就会浮到水面上。海面上的海龟越多，发生不幸事故的可能性就越大。

▶ 如何保护濒临灭绝的海龟？

很多人都在想办法保护濒临灭绝的海龟。例如，在佛罗里达州的印第安河

海龟有肌肉强劲的四肢, 某些种类的海龟能够每小时游35英里(56公里)。(国家海洋和大气管理局/海洋和大气研究国家海底研究项目; G.麦克福)

在弗吉尼亚海滩孵化的蠵海龟奔向大海。(CORBIS 图片/琳达·理查德森)

县,官员们已经制定出一种栖息地保护计划,并将其作为法律规定的组成部分。当该县想建立海堤时,保护海龟生存联盟提出了诉讼,指出这样的海墙会干扰海龟筑巢的习惯:他们认为修建的海堤使得海龟无法在该地区挖巢,同时也将导致远离海滩的海龟筑巢地更容易受到侵蚀。这种担心的原因在于,佛罗里达的大西洋海岸(约占三分之二的佛罗里达半岛)拥有世界上第二大蠵海龟(受威胁物种)种群,还有濒危的绿海龟和棱皮海龟的全部的筑巢地点。这也使得印第安河县成为全球最重要的海龟筑巢区。

▶ 什么是海蛇?

海蛇与陆地上的蛇类似,只是它把时间花在水里。这些爬行动物生活在热带和亚热带的浅水海域(但不包括大西洋),有时候数百条生活在一起。海蛇与眼镜蛇属有亲缘关系,具有一种烈性毒液(这种毒液可能会导致严重的人身伤害)。海蛇在游泳时用自己扁平的尾巴作为桨,它们通常捕食鱼类。除了在水面呼吸以外,它们还可在水下停留30分钟以上。这种动物的一类代表是黄腹海蛇。

四

鱼类和其他海洋生物

鱼类的定义

▶ **什么是鱼类?**

　　鱼是一种水生的脊椎动物,它们一生中的大部分时间栖息在水下。鱼类的种类繁多,从水面上的飞鱼到生活在海洋深处海沟中的鱼,很难准确严密地定义它们。不过,可以得出一些泛泛的结论:多数鱼是冷血动物,用鳃呼吸,只有两个心室(相较而言人类有四个心室);还有一些鱼不是冷血动物,也没有鳃。一些鱼有鳞,另一些则有粗糙的皮肤和称为细齿的微小"牙齿"。大多数鱼有鳍用于游泳,但它们的鳍有不同的组合、大小和形状。

　　鱼类如此多样性是有其原因的:为了适应各自不同的环境,鱼类在数百万年间已经取得了许多进化改变。例如,世界上有盲鱼;有可以爬上陆地的鱼以及带电的鱼;还有的鱼能够筑巢,在几秒钟内变色,甚至膨胀起来以抵御天敌。

▶ **鱼是何时进化形成的?**

　　很难说什么时候鱼类真正演化形成,但科学家知道它们是无颌鱼的后代。下面列出了鱼类随着时间推移可能发生的进化:

　　约4 600至4 800万年前:第一种无颌鱼类出现(值得注意的

是,这个起点在科学界存在激烈的争论)。

大约4 500万年前:第一种有颌鱼类出现。

大约3 900万年前:硬骨鱼类的祖先出现。

大约3 800万年前:第一种类鲨鱼类发展。

大约3 600万年前:硬骨鱼类(硬骨鱼纲)的早期分支进化成第一种两栖动物(鱼类和爬行动物的中间物种)。

大约1 750万年前:第一条真硬骨鱼出现。

1 900万前至1 350万年之前:第一种现代鲨鱼出现。

▶ 为什么鱼类对于地球上的生命进化很重要?

鱼类对地球上的生命进化非常重要,因为它们是两栖类动物的前身,而两栖动物是第一种冒险登上陆地的动物。

▶ 两栖类动物是怎么从鱼类进化而来的?

两栖类是鱼类的旁支,是第一种登上陆地的动物。这种动物进化出原始的肺,并用它们的鳍爬行,以适应新的陆地环境。不过,最早的两栖动物仍然在水中度过大部分时间。它们和鱼很相似,并且将同鱼类似的卵产在潮湿的地方,通常是产在水中。

▶ 什么是鱼类学(ichthyology)?

鱼类学是研究鱼的科学。瑞典博物学家彼得·阿尔特迪被认为是鱼类学之父。他关于鱼类不同种群的知识和他所提出的鱼类种群概念已经成为鱼类学领域的经典。

▶ 冷血是什么意思?

当涉及海洋鱼类时,冷血是指鱼类的体温恰好与周围海水温度大致相等。这意味着鱼特别能适应它们所居住的水域的温度。事实上,大多数鱼类对温度

蝾螈是进化链条上的重要环节,比如图上这种切特山蝾螈是一种正在消失的两栖动物,只生活在西弗吉尼亚州。(美联社/马歇尔大学档案)

变化很敏感,并且通常不能忍受超过12°F—15°F(7℃—8℃)的温度波动。但是,并非所有的海洋鱼类都是冷血的。据我们所知,某些金枪鱼和鲣鱼是例外。例如,蓝鳍金枪鱼能调节自身的体温,这与哺乳动物相类似。

▶ 人们已知最小的鱼是什么?

到目前为止,菲律宾矮虾虎鱼是已知最小的鱼。它的成体只有不到半英寸(1厘米)的长度。

▶ 人们已知最大的鱼是什么?

鲸鲨是已知最大的鱼,长度可达60英尺(18米),令人惊讶的是,这个庞然大物只以浮游生物为食。鲸鲨体重可达15吨,是虾虎鱼体重的50亿倍。

▶ 多数海洋鱼类生活在哪里?

大多数海洋鱼类生活在沿海地区,特别是深度400至600英尺(122至183米)的大陆架。这些沿海鱼类几乎分布于(这些地区栖息地)每个角落,并占所有已知的鱼种类的三分之二,大部分鱼类生活在距离岸边20英里(32公里)的范围内。有些鱼类(如比目鱼、鳎鱼和鳕鱼)生活在沿海浅水区域的沙底;另一些鱼类大多数时间生活在海洋中,但沿河流上溯到内陆产卵,比如鲑鱼和鲱鱼;还有一些鱼类能够偶尔在陆地上行走,如胡鲇。

鱼类也多产于深海,分布在从海面到6 000英尺(1 828米)深的水域,如金枪鱼、鲭鱼和马林鱼喜欢不超过3 000英尺(914米)的水域,这一层次的水温对于它们来说最舒适。

生活在超过18 000英尺(5 486米)的海洋深处的鱼类最少。随着更深的海域被研究,我们未来可能会感到惊讶,因为有的深水地区可能比我们所预想中有更多的鱼类。

▶ 有哪些海洋鱼类是新被发现的?

很多时候,当科学家探索新的海洋区域时,他们会发现新的鱼类。例如,1978年一个研究小组穿透罗斯冰架将有诱饵的陷阱和一个摄像头伸入1 960英尺(597米)深的南极海水中。在那里,他们发现了许多新的鱼类,给已经很长的鱼类种类名单添加了新的内容。

▶ 什么是活化石?

活化石是一度被认为已经灭绝的生物,但后来人们惊讶地发现它们仍然存活在地球上。因为这些生物的发现为科学家提供了有关进化的新信息,成为化石记录的一部分。最有名的发现活化石的例子是在1938年:一艘小型拖网船(渔船)在印度洋马达加斯加附近的科摩罗群岛的渔获物中获得了一个惊人发现——一条棘腔鱼,这种鱼被认为已经灭绝了数百万年。此后又有一条腔棘鱼被发现。这一令人惊讶的发现使得科学家修改了其对深海(大部分未被探索)生物的思考:在深海中可能生活着各种古老的鱼类。

腔棘鱼最早出现在古生代的泥盆纪时期,距今已有4亿年。一些科学家认为,这种鱼是第一个离开远古海洋登上陆地的动物,很可能是许多陆地动物的祖先。但基于化石记录,看来这种鱼在白垩纪结束时,即大约6 000万年前就灭绝了。但显然,有足够数量的腔棘鱼经过数百万年仍保持了种群,并至今仍生活在深海。

▶ 哪种已经消失的鱼类最近又被重新发现?

一种巨型连鳍鲑(giant sawbelly),也被称为巨胸棘鲷(hoplostethus gigas),在1914年首次被发现。1999年,经过85年这种鱼再次被发现。在大澳大利亚湾的一次商业捕捞调查中,人们再次发现了它。

这种鱼在590至1 148英尺(180到350米)之间的水域被捕获,这与1914年发现它时的区域大致相同。这几十年的失踪是缘于它的栖息地:这种巨型鲑显然住在大澳大利亚湾中部的深水中,那片地区很少或基本没有渔业活动。此外,它可能生活在或接近崎岖海底的区域,能够避开拖网渔船的渔网。

这一发现与《澳大利亚海鲜手册》的编写工作分不开。科学家们一直与渔民紧密合作,对深海和沿岸捕捞物进行采样和登记。在对澳大利亚大海湾捕捞上来的鱼类进行记录和拍摄时,一位科学家看到了拖网渔船捕获的样本中就有长期消失的巨型连鳍鲑。

这种久违的鱼类被重新发现提供了又一个实例,说明深海中可能存在某些难以捉摸的生命形式。

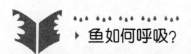

▶ 鱼如何呼吸?

鱼呼吸水中的氧气:水进入鱼的口中并穿过腮部的腔室,当富含氧气的水流过鳃,一系列膜让空气通过,而把水隔离在外面,氧气进入血液,最后将二氧化碳作为废物释放到水中。

该套系统比我们这些陆地生物使用的系统更有效率,大多数陆地哺乳动物只从空气中吸收大约20%(或更少)的氧气进入血液,而鱼类则能够吸收高达80%的水中可用氧。

▶ 鱼的寿命有多久？

虽然不是所有的鱼类都已被观察到，但人们认为大多数鱼的平均寿命约为25年。科学家们知道那些已经被广泛研究和检测的鱼类的平均年龄（或寿命），例如，大西洋鳕鱼和鲱鱼能够活大约22年、黑线鳕和梭鱼寿命约为15年、蓝鳍金枪鱼可以活13年。但有些鱼还有待研究，随着更多研究的进行，鱼类的平均寿命估值有可能变化。

▶ 海洋鱼类如何在水中漂浮？

大多数海洋鱼类利用气体鳔，或空气鳔在水中漂浮。这种线状排列的腺体组成的密闭囊位于鱼的内脏部位，其大小取决于鱼的大小。腺体从鱼的血液中提取气体，并将气体注入鳔。鱼有能力调节鳔中的气体量，使鱼能够在水体中迅速地上下运动，但是鳔通常只能在约1 200英尺（360米）以上的水中工作。事实上，钩住鱼并将其过快地拉出水面，可引起鱼鳔爆裂，导致它的内脏被压出口腔。

有些鱼类，如鲭鱼，不使用鳔。这些鱼不得不一直游泳和活动，以在水中保持一定的平衡，如果它们不这么做，就会沉到水底。

▶ 鱼如何游泳？

大多数鱼通过推动水来游泳，它们依靠扭动头部和尾部，有时候是鱼鳍来推动前进，具体方式取决于鱼的种类。鳍被用于转向和保持稳定：胸鳍（侧鳍）用于平衡或转向，以及俯仰（上升或下沉姿态）；背鳍（上部）和腹鳍（底部）被用作稳定，控制身体的滚转运动；尾鳍具有多功能，用于推进、转向和稳定。大多数鱼类通过体表的黏液减少水的阻力，使水顺滑地流过它们的身体。

当然也有例外。例如比目鱼，因为身体是横向扁平的，它们让身体从一侧到另一侧呈波状抖动以便移动。魟和鳐鱼也让自己的身体波状运动，并上下摆动它们的胸鳍，而不是从一边到另一边摆动。

鱼能够游多快?

令人惊讶的是,有些鱼的游泳速度非常快,它们在水中的移动速度超过最快的陆地动物在陆地上奔跑的速度。速度最快的游泳选手是旗鱼和剑鱼[一份未经证实的报告称,箭鱼的速度可达每小时150英里(241公里)]。下面的列表给出了某些海鱼和(为了进行比较)某些淡水鱼的大致速度记录:

鱼 类	速度(每小时距离)	鱼 类	速度(每小时距离)
旗鱼	68英里(109公里)	鳟鱼(淡水)	21.7英里(35公里)
剑鱼	60英里(97公里)	梭子鱼(淡水)	15.5英里(25公里)
蓝鳍金枪鱼	50英里(80公里)	鲤鱼(淡水)	7.5英里(12公里)
鲨鱼	22.4英里(36公里)		

鱼可以飞吗?

不可以,虽然有所谓的飞鱼,但它们并不是飞翔,而是滑翔。在强有力的尾巴运动推动下,这种鱼可以以每小时20英里(32公里)的速度跃起到空中。它

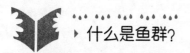
什么是鱼群?

鱼群指一大群鱼,所有的个体都朝相同的方向前进。就像空中的椋鸟群一样,鱼以均匀间隔和相同的速度游动。对于许多种鱼来说,这无疑是一种进化特征:由于群体动作步调一致,使得天敌更难捕捉到猎物。另外,因为有这样大的团体,所以比较容易迷惑捕食者,甚至愚弄食肉动物,让其以为前方的"东西"(鱼群)体型十分巨大。鱼群行为的变化取决于周围的环境,它们会应对各种环境的变化都会有反应,包括噪声、突然的动作,或一种奇怪的存在物(如一个游泳或涉水的人)。

使用胸鳍（侧鳍）作为翅膀，在接近海洋表面的地方滑翔。通过用尾巴轻弹水面，它能够得到额外的推动力进行更长的"飞行"。一些飞鱼可以蹿到20英尺（6米）高，沿着海面滑翔1 300英尺（396米）。

▶ 鱼可以在陆地上行走吗？

可以，有一些鱼能够在陆地上行走。胡鲇可以在陆地上存活很长时间，并能用肺状的器官作为腮的补充，呼吸空气中的氧气。肺鱼也可以在陆地上行走，使用游泳（或气体）鳔作为空气贮藏器，并依靠一个连接鼻子和嘴的通道呼吸空气。

▶ 鱼有嗅觉吗？

有，鱼也有嗅觉。大多数鱼类的鼻孔位于前部，就在嘴部后面。这些器官是如此强大，以至于有些鱼可以在天敌靠近之前，就觉察到其皮肤的分泌物。

事实上，一些鱼依赖嗅觉的程度高于依赖视觉。鲨鱼和鳐依靠嗅觉来探测猎物；鳗鱼有最敏锐的嗅觉，它们用鼻长囊检测气味。某些鱼类远涉重洋来产卵，它们可以通过嗅觉检测到非常微小的海水化学变化。

鸭嘴鳗像其他鳗鱼一样是一种硬骨鱼（硬骨鱼纲），奇怪的是，它有敏锐的嗅觉。图中这条鸭嘴鳗在夏威夷海岸水深约2 600英尺（780米）处被发现。（国家海洋和大气管理局/海洋和大气研究国家海底研究项目）

▶ 鱼如何在水下看东西？

在大多数情况下，鱼必须在弱光条件下看东西，因为它们没有眼睑和虹膜（在人的眼睛中，瞳孔根据光线的强弱按需要打开或关闭）。这些特性使得鱼眼睛能够收集多数光线，这也使这种动物呈现出一种被称为"虫眼"的外貌。鱼具有单眼视觉，即位于头部两侧的眼睛分别由对面的大脑部分控制。鱼的眼睛位于头部两侧,使得鱼能同时看到任何方向。许多鱼也具有向上看的眼睛,白天,它们能够通过上方猎物遮住阳光形成的剪影发现目标。当然,也有例外:少数在海洋表面生活的鱼类具有同时适应水和空气的眼睛。

虽然科学家认为大多数鱼类能分辨不同颜色(鲨鱼和鳐鱼例外,它们可能只能看到黑色和白色),但没有人真正知道鱼类是否受颜色的影响?它们是否会追随渔民鱼钩上诱饵的图案或颜色?

有些人认为鱼身上的图案可能对其他鱼类极为重要。例如,成年和幼年的神仙鱼颜色和图案非常鲜艳,但样子看起来完全不同。有一种说法是,成鱼能够在珊瑚礁中的大量鱼类里分别出幼鱼的图案,这样它们就不会威胁到同种幼鱼。

▷ 鱼有听力吗?

有,鱼能听到声音。声音是水下联络的重要方式,就如它在陆地上实现沟通一样。鱼和其他海洋生物一样使用声音来吸引配偶和发现猎物或捕食者。

鱼听声音的方式同人类大致相同,虽然它们缺乏充满空气的中耳,换句话说,鱼耳朵中不存在哺乳动物所具有的小骨。鱼也没有耳蜗,但在一种称为听壶的腔室型器官中确有毛发细胞存在。大多数鱼有三个半规管,但是七鳃鳗只有两个,而盲鳗只有一个。

▷ 一些鱼是否带"电"?

是,有些鱼利用电场来发现猎物、导航甚至保护自己或攻击其他鱼类。这些鱼包括鳐鱼和鲅鱼,有从肌肉和神经演变而来的生物"电池"。生活在沙地或泥泞浅滩以及中等深度海域的电鳐能产生超过200伏特的电能。在发出一系列电流后,主要是为了使猎物丧失运动能力,它的"电池"会完全耗尽,然后需要几天的时间来充电。电鳗不是真正的鳗鱼,它可以从"电池"中产生高达600伏的电脉冲;电鳗可以长达8英尺(2.5米),"电池"几乎占身体长度的一半。

▷ 鱼类对人类为什么重要?

过去和将来,捕鱼业都是许多国家重要的商业活动。多年来,各种品种的鱼

（如金枪鱼、鲱鱼和沙丁鱼）和某些"工业用鱼"（鲅鳒鱼、角鱼、松鼠鳕鱼、鲨鱼和鳐鱼）已人工饲养（这些鱼是极好的营养品和鱼油来源）。其他一些鱼类则是人类，特别是居住在岛屿或沿海岸地区人类的主要食物来源。在这些地区，鱼类比其他种类的动物更容易捕获和食用。

▶ 鱼类是观察环境变化的指标吗？

是的，鱼类的状态特别是它们的消亡，可以作为环境变化的指标。浮游生物（生活在海洋中上层的微小移动生物）位于巨大的食物链（或食物金字塔）的底部，是许多鱼类食物的重要组成部分。海洋食物链的进食通道是从微小食物到大型食物（鱼类处于食物链的中间位置），这保证了海洋生态系统的平衡。如果浮游生物种群受到各种问题的影响，比如环境污染、臭氧洞耗竭或温度变化，鱼类也会受到影响，局部的食物链就可能被破坏，反过来可能最终影响到全球的食物链和食物网。

鱼 的 分 类

▶ 鱼如何分类？

鱼被分在动物界、脊索动物门和鱼纲（尽管有一些分类法将鱼列为一个亚纲）。在鱼纲（或亚纲）中，90％的鱼都是硬骨鱼纲，大约有30 000种。剩余的10％是软骨鱼纲（有625种）和无颌纲（有50种）。40 000种已知的脊椎动物中有近一半是鱼纲（脊椎动物有七大纲：无颌纲、软骨鱼纲、硬骨鱼纲、两栖纲、爬行纲、鸟纲和哺乳动物纲。）

这种分类系统虽被广泛接受，但并不标准，人们对鱼类的分类仍有不少不同意见，这意味着有一些替代性的分类系统。例如，一种分类系统打破了把鱼分成无颌纲、盾皮鱼纲（仅有化石）、软骨鱼纲和硬骨鱼纲的标准，进一步把硬骨鱼纲细分为包括辐鳍类（有像鳐一样的鱼鳍）、总真骨类（多刺型鳍的鱼类，世界上95％的鱼属于这一种类）和内鼻鱼亚纲（叶状鳍的鱼类）。

⊙ 是否有鱼兼有硬骨和软骨的特点?

有,尽管硬骨和软骨鱼在鱼类中占主导地位,确实有一些鱼兼具这两种特性。腔棘鱼,这种曾经被认为已经灭绝了的鱼就兼具硬骨和软骨的特点。

⊙ 硬骨鱼纲的鱼有哪些共同特点?

在硬骨鱼纲,包括金枪鱼、旗鱼、鳗鱼、鳕鱼以及鲑鱼等,它们都有骨骼和下巴。这一种类的早期分支可能最终产生了两栖动物,这是在数百万年最早冒险登上陆地的动物(虽然有些科学家相信最早的两栖动物是与腔棘鱼有关或类似的分支种类)。

大多数鱼是硬骨鱼(硬骨鱼纲),其骨骼大部分或完全由骨头组成。在硬骨鱼类的身体每一侧都有一个盖用来保护鳃,许多鱼还有称为鳔(也称为气体膀胱)的内部器官,以帮助鱼类在水中保持漂浮。这些鱼也普遍产卵,而非交配,雄鱼在雌鱼排出卵子后对其进行授精。硬骨鱼吃各种各样的食物,包括其他动物(昆虫、幼虫和其他较小的鱼)和一些植物(包括浮游植物)。

⊙ 现已发现的最古老的硬骨鱼化石是什么?

迄今发现的最古老的硬骨鱼化石是卢文氏斑鳞鱼,这种鱼生活在4亿年前。该化石发现于中国的西南部,兼有原始鱼类和更先进的鱼类分支的特征。但这种肉食鱼类的真正祖先是什么仍有争议,至少要等到科学家找到更多这样的化石记录才行。

阿拉斯加的纳克耐克河口(布里斯托尔湾)的鲑鱼是一种硬骨鱼(硬骨鱼纲)。(CORBIS 图片/娜塔莉·福贝斯)

▶ 比目鱼和多数硬骨鱼类有何不同？

比目鱼，如蝶鱼或大比目鱼，最初的时候同正常鱼类形状一样，眼睛完全长在头部的两侧。但随着其成熟，这种鱼发生了变化：一只眼睛的位置移动，嘴部也变得曲折，当长成成鱼时，两只眼睛位于身体的一侧，使其真正成为一个扁平的形状。这一种类的鱼还可以改变颜色和图案，使得它们能够与海底的阴影和纹理相匹配（这是自卫的一种手段）。它们还可以把自己埋在浅水的沙子中以保护自己免受天敌攻击。

▶ 海马是鱼吗？

是的，海马是海洋中最奇怪的鱼之一。这种鱼实际上有类似于马的头部，身体的其余部分很长，末端有卷曲的尾巴。大部分时间里，它处于垂直状态，使用鳍在水中上下移动。但它是一个很差劲的游泳者，经常使用所谓的抓握尾，就是可以缠绕东西的尾巴，将自己固定在海藻或海扇上，以停留在某个地方。

与大多数鱼不同，雄性海马照看子女，雌性海马将卵产在雄性腹部的开口位置，称为育雏袋。当卵孵化时，类似成体微缩版本的幼海马从雄性的身体中游出。

雄性海马有育雏袋，雌性海马在其中产卵。当小海马成熟后，它们游出袋子，看起来像成体的微缩版本。（国家海洋和大气管理局/海洋和大气研究国家海底研究项目）

▶ 什么鱼生活在漂浮的海藻中？

有一种躄鱼叫海藻鱼，生活在漂浮的马尾海藻中。它很少远离马尾藻，而是攀在海藻上，追踪生活在海藻群落中的更小的鱼类和其他动物。其身上多刺状突,使得这种鳘鱼看起来很奇怪,它的颜色也帮助其在藻类中保持伪装。这种马尾藻鱼也可以吞咽空气或水使自己膨胀,以便让身上的刺挂住海藻,防止天敌将其从马尾藻上掠走。

▶ 什么鱼被称为"海中搭车者"?

富于弹性的鲫鱼通常被称为"海洋搭车者",因为它们"乘坐"鲨鱼或其他海洋动物四处旅行。这就是所谓的共生关系,鲫鱼吃宿主身上的寄生虫及寄主吃剩的食物,用头顶的吸盘贴在宿主身上,或者解除吸附而滑开。某些种类的鲫鱼对自己宿主具有高度的选择性。例如,枪短鲫和鲸短鲫(澳洲短鲫)因为喜欢依附在枪鱼和鲸身上而分别得名。

▶ 是否有一种鱼叫做海豚?

是的,有一种在海面层捕食的鱼类被称为海豚,但它们看上去和同名的海洋哺乳动物毫无相似之处。这种海豚鱼有从头部延伸到尾巴的长后鳍,它的尾鳍呈深叉形。它们有1至6英尺(0.3米至2米)长,重达75磅(34千克),且色彩鲜艳。但它们的寿命不长,只有约2至3年。

▶ 什么是充气鱼(pufferfish)?

充气鱼(或称海河豚)鱼如其名:遇到危险时,它通过吸收空气或水使身体膨胀,扩大到正常体积的约两至三倍。当它膨胀时会肚皮朝上漂浮,身上的刺向外突出,阻止天敌下嘴咬他。当天敌离开,它会放气并再次翻转。海河豚的下巴看起来像鸟喙,能够粉碎硬海胆、软体动物和螃蟹。某些海河豚是已知最毒的海洋动物之一,不建议吃它们,但有些国家的人认为它们是美味佳肴,因此每年有许多人因食用没有适当处理的海河豚而死亡。

▶ 什么是虾虎鱼(goby)?

虾虎鱼是海洋主要鱼类中最大的种群,已知至少有800种,无疑未来还将会外表可能是骗人的：多刺海河豚可以使自己膨胀3倍，以抵御可能的捕食者。这只在马来西亚海域被捉到的海河豚正在这样做。（CORBIS 图片/杰弗里·L.罗特曼）

发现更多的种类。它们大多五颜六色，平均体长1至3英寸（2.5到7.6厘米），有些可以长到20英寸（51厘米）。虾虎鱼生活在不同的海洋生态区位，包括泥中（它们在泥中挖洞）、波浪冲击的海岸、海绵中间或由螃蟹和虾挖出的洞穴中。该种群中还包括已知的最小的鱼：矮侏儒虾虎鱼。

▶ **是否有四只眼睛的鱼?**

所谓的四眼鱼只有两只眼睛，只不过每只眼睛实际上一分为二。作为在水面游动寻找昆虫的鱼类，它的眼睛由一道平行的横膜分成两部分，上半部分看空中，下半部分看水下。它也有同时看这两个地方或四个图像的能力，因为它们眼睛有两个不同的视网膜。

▶ **什么鱼经常被称为"最丑陋的海洋生物"之一?**

有些人认为琵琶鱼（anglerfish）是最丑陋的海洋生物之一。它们身体松软、凹凸不平,巨大的嘴中长满锋利而不整齐的牙齿。它们通常什么都吃,非常有弹性的胃能够伸展以容纳猎物。琵琶鱼的头顶有一个"诱饵":一根长杆顶端长有肉质瓣。这根"诱饵"在琵琶鱼嘴前的水中摇晃,吸引小鱼前来。如小鱼靠近,垂钓者就会把猎物吮吸或吞进嘴里。

即使在更深的深海,也生活着琵琶鱼,同样被认为非常难看。因为它们生活在黑暗水域中,其"诱饵"能够发光。这种光是由化学物质和发亮的细菌组成的生物荧光形成的,把诱饵杆照亮以吸引猎物。

▶ 什么是箭鱼(swordfish)?

箭鱼是一种有细长吻的鱼,其吻达到体长的三分之一。它使用这把"利剑"刺穿或击晕猎物。箭鱼平均长度约4至10英尺(1.2至3米),有一些可以达到15英尺(4.6米);箭鱼平均体重不到400磅(182千克),但有些可以重达1 000磅(455千克)。它们属于海洋中游得最快的鱼类,速度接近每小时60英里(97公里)。

▶ 梭鱼(barracudas)是否危险?

梭鱼被认为是危险的鱼类,因为它们会袭击游泳者和潜水员。但实际上,它们通常只是跟随潜水员,并不发动攻击。它们的攻击通常发生在布满沉积物的水域中:如果它们看到一只手或脚挡住去路,会认为这是猎物,并咬上去。梭鱼大约有20种,平均4英尺(1.2米)长。有些种类,如大梭鱼可以

游速迅速的箭鱼被认为是一种可以用作奖品的鱼。这个标本由多丽丝·洛维特·丹尼斯1936年在加州圣卡塔利娜附近捕获,她用左手持鱼竿。(CORBIS图片/贝特曼)

梭鱼一般不会伤害海洋游泳者和潜水者，但它们看上去有点危险。这张照片（调查沉船）证明梭鱼确实气势汹汹。（CORBIS 图片/斯蒂芬·弗林克）

长达8英尺（2.4米）。梭鱼生活在大西洋和加勒比海中的西印度群岛和巴西，向北可达佛罗里达；在太平洋地区，它们分布在从印度尼西亚到夏威夷的海域。

▶ 软骨鱼类有什么共同特点？

软骨鱼类（软骨鱼类）包括鲨鱼、鳐、魟和银鲛，都具有软骨（纤维质）的骨架、偶鳍和由鳃进化而来的下巴。这些鱼都有牙齿，身上要么有小鳞片，要么有粗糙的皮肤。这些动物有多重鳃裂（通常为五个），并有和硬骨鱼基本相同的鳍，但它们的尾鳍不同。而且不像硬骨鱼，它们没有鳔（或气囊）以漂浮在水中，因此，它们必须保持游动否则就会下沉。它们通过交配而不是产卵来繁殖，大部分雌性生产幼体，而不是鱼卵。因为这些特点，这些鱼只能生活在世界部分地区,主要在海洋中。

▶ 什么是软骨?

软骨鱼有软骨骨架,或者由软骨形成的骨架,这些骨架比骨头更软更灵活,但强度足以支持身体。人类也有软骨,鼻子的末端或耳朵上的"骨头"就是软骨。

▶ 真的有鲨鱼化石在蒙大拿州被发现?

是的,在美国蒙大拿州的熊谷岩石中已经发现了世界上最丰富的鱼类化石,超过113种鱼类的集合,其中包括70种史前鲨鱼,有些是人们从未见过的。大约3.2亿年前,这片土地靠近赤道,由温暖的浅海覆盖。这里约60%的鱼类是鲨鱼,长度从几英寸(几厘米)至约97英尺(30米)。科学家们相信,有一场灾难性事件导致这些生物死亡并被埋葬。因此,熊谷的鲨鱼化石保存相当完好,许多化石的心脏、血管、胃内容物和皮肤仍然完好无损。

▶ 鲨鱼的皮肤是什么样的?

鲨鱼皮肤看起来又光又滑,但它覆盖着小鳞片,外观像小的锋利牙齿,摸起来也像。

▶ 是否所有的鲨鱼都一个样?

不是所有的鲨鱼都一个样。世界上至少有370种不同类型的鲨鱼,包括巨口鲨、六鳃鲨、角鲨、雪茄鲛、沙虎鲨、长尾鲨和侏儒鲨等。

▶ 最大的鲨鱼是什么?

世界上最大的鲨鱼和最大的鱼是鲸鲨。它可以长到超过50英尺(15米),体重超过15吨。

▶ 最小的鲨鱼是什么？

最小的鲨鱼是"tsuranagakobitozame"这是一个日本名字，意为"长面侏儒鲨"，也被称为侏儒角鲨。这种鲨鱼能待在你的手掌中，成体体长约5英寸（13厘米）。

▶ 最没有危险的鲨鱼是什么？

考虑到鲨鱼的恶名，无害鲨鱼的名单确实长得出人意料。大多数科学家都认为危险性最小的鲨鱼是体型最大的鲸鲨。潜水员甚至可以抓住这种鲨鱼的背鳍，在海中长途随行。这种鲨鱼捕食小鱼和浮游生物。

另一种巨大但无害的鲨鱼是姥鲨，它的牙齿不超过半英寸（1.3厘米）。这种鲨鱼张开嘴缓缓游过浮游生物群，用鳃耙（一种过滤器）获取食物。

即使有大量的鲨鱼被认为相对无害，但大多数科学家都认为，任何鲨鱼如果被激怒，都可以利用其强大的颌骨和牙齿对挑战它的东西构成真正的威胁。

▶ 最危险的鲨鱼是什么？

大多数人认为大白鲨是最危险的鲨鱼。这种鲨鱼最长有超过36英尺（11米）长，其尖齿可长达2英寸（5厘米）。但是，大白鲨鱼很少在沿海地区看到，因为它很少会误入浅水区。

▶ 鲨鱼真的会攻击人类吗？

会，人们已知鲨鱼确实会攻击游泳者和潜水者，但人类通常不在鲨鱼的食谱上。在大多数情况下，鲨会尽量躲避人类。许多潜水员注意到他们碰到的大多数鲨鱼都游开了，可能是因为怕人。

但每年全世界大约有100人遭到鲨鱼的袭击，大多是被鲨鱼咬伤然后逃脱。有人认为，这种"咬一口然后让你走"的战术是鲨鱼的一种沟通方式，想让人离开其领地，或者是因为人类在鲨鱼的嘴里留下了不好的味道。在一项研究中，科

大白鲨：这种鲨鱼有偶尔攻击人类的记录。它能够长到36英尺（11米）长，牙齿可以长到令人吃惊的2英寸（5厘米）长度。（CORBIS图片）

尽管并不以人为食，但双髻鲨有攻击人的记录。图中这条是"信天翁4号"船在1982年7月的一天中看到的数百条双髻鲨中的一条。[国家海洋和大气管理局/约翰·波特莱克指挥官，国家海洋和大气管理局军官团(退役)]

学家们发现，许多冲浪板(甚至人)在水下深处游动的鲨鱼看起来像海豹。由于海豹是鲨鱼最喜欢的食物之一，在识别错误的情况下，鲨鱼会攻击人类或冲浪板。鲨鱼会被海水中的血液所吸引，并且如果它们被骚扰，也会发动攻击。

大白鲨因攻击人类的事件而闻名。美国作家彼得·本奇利写下了著名的小说《大白鲨》，这是一个关于大白鲨屡屡攻击大西洋度假小镇游泳者的故事。但其他鲨鱼，包括鲭鲨、虎鲨、双髻鲨，也有攻击人类的记录。澳大利亚的须鲨基本待在海底，它们的颜色与周围环境混合在一起。发生过倒霉的游泳者不小心踩到鲨鱼而被攻击的事件。

但是，真的没有必要对此担忧：被鲨鱼攻击的概率是一亿分之一。从这个角度来看，美国人有1/66的机会被国税局审计。然而，由于鲨鱼的流行形象，更多的人担心被鲨鱼攻击多过于被审计。而据估计，在美国任何一年被猪杀死的人都比被鲨鱼杀死的人多。

▶ 大白鲨真的对人类构成危险吗?

新的研究表明,大白鲨对人类的危险被大大夸大了。事实上,这些鲨鱼实际上可能不喜欢人类的味道。大白鲨可以长到20英尺(6米)长,超过5 000磅(2 270千克)重,被描绘成一个无情的捕食机器,在它面前没有人是安全的。然而,自1926年以来,尽管加州海岸已报告了78起攻击事件,但只有8人死亡。

为了更好地理解这些生物,科学家在距离加利福尼亚中部海岸大约23英里(37公里)的新安诺岛海域花了4年时间研究大白鲨的行为。这些岩石岛是一个象海豹的聚居区,它们是大白鲨喜爱的猎物。科学家将连接到计算机系统的超声波发射器安装在鲨鱼身上,通过一系列放置在距离新安诺岛西海岸1 650英尺(503米)的声呐浮标日夜跟踪这些鲨鱼。

这项研究的结果给这种海洋捕食者提供了一个与普遍观念非常不同的景象。例如,研究发现大白鲨全天都在狩猎,不只是在白天进行。这些鲨鱼并不孤独,在成对鲨鱼之间具有社会联系,科学家甚至观察到它们在杀死猎物后会用尾巴拍打海水以挡开其他同类。此外,大白鲨被发现有挑食习惯,它们会用嘴轻咬物体以确定它们是否是可食用的。松软蓬松的象海豹在感受和味道上很对大白鲨的胃口,而冲浪板、海獭、浮标和人类则不够松软或者不够好吃。

▶ 什么是六鳃鲨(sixgill shark)?

科学家经常称六鳃鲨为"深海恐龙"。这种鲨鱼有些生活在加拿大英属哥伦比亚温哥华岛中部外海,佐治亚海峡营养丰富的水域中。它们有25英尺(8米)长,通常生活在约400至600英尺(122至183米)深的水中。它们有六个鳃裂(因此得名),宽大的身体,只有一个背鳍,并已大致维持数百万年时间没有发生变化。

▶ 为什么鲨鱼的免疫系统被认为是独一无二的?

关于鲨鱼的最显著的发现之一是它们的免疫系统。在其自然栖息地,鲨鱼可以抵御几乎所有疾病，包括癌症。

▶ 什么是蝠鲼(manta ray)？

因为它们的鳍的样子，蝠鲼有时也被称为魔鬼鱼。它们是体型最大的鳐鱼和魟鱼(软骨鱼)，相对于鲨鱼来说，它们更"扁平化"。蝠鲼的眼睛位于身体的上表面，头部两侧各有一个翼状的胸鳍。太平洋蝠鲼的"翼展"(胸鳍一端到另一端的距离)可以达到25英尺(7.6米)，这种魟鱼体重可达3 500磅(1 600千克)。大西洋蝠鲼略小，体长约22英尺(6.7米)，体重约3 000磅(1 300千克)。这些优雅的生物通过拍打"翅膀"滑过热带海洋的表层海水。蝠鲼的嘴很小，通过过滤海水以微小的鱼类和无脊椎动物为食。它经常完全跳出海面，然后潜回海中以追赶它的猎物。

▶ 什么是黄貂鱼(stingray)？

人们经常把黄貂鱼(刺魟)和蝠鲼搞混，因为这两种动物都有"翅膀"(其扁平身体两侧的大胸鳍)并在水中滑行。黄貂鱼还可以用自己的"翅膀"挖掘海底寻找贝类，它们用自己扁平、强壮的齿板将贝壳咬碎。黄貂鱼直径约1—5英尺(0.3—1.5米)长，它的身体包括头部和胸部(侧)的翅片，呈盘型，正如其名称所示，某些种类的黄貂鱼有带刺、有毒的尾巴，这种鞭状的尾巴经常突起一个或多个尖锐的刺。

▶ 什么是无颌纲？

无颌纲的鱼类包括七鳃鳗和盲鳗，它们属于软骨鱼类，没有下颌，有圆盘状的嘴巴，用于摄食或吸吮。同大多数的鱼不同，它们没有鳞片，也缺乏配对(对称)鳍。这些脊椎动物实际上是滤食性动物，通过嘴和鳃澄清泥和水。无颌纲化石是最早的脊椎动物(出现在大约5亿年前的奥陶系)的证据。它们有骨架和骨甲板覆盖身体。现代的无颌纲鱼类同祖先大不一样：随着时间的推移，它们已经失去了骨骼，并由软骨替代。

黄貂鱼的"两翼"实际上是大型的胸鳍,让这种鱼在水中滑行。这只黄貂鱼被捕获于南卡罗莱纳州沿海,并被活着放回水中。[国家海洋和大气管理局/约翰·波特莱克指挥官,国家海洋和大气管理局军官团(退役)]

▶ 盲鳗和七鳃鳗是寄生动物?

是,这些动物的多数种类是寄生性的。例如,大多数盲鳗在已经死亡或濒临死亡的鱼身上钻孔,吃掉鱼肉,只剩下鱼皮和鱼骨。

某些七鳃鳗也是寄生性的,靠吸吮其他鱼类的血为生。例如,在北美五大湖发现的海七鳃鳗不是当地的淡水生物,当人工运河被开挖后,它们进入湖区,并在鱼群中肆虐,直到最终被控制住。

▶ 我们是否认识所有居住在海洋中的鱼类?

我们并不知道所有居住在海洋中的鱼类,还差得很远!事实上,科学家最近在南极洲靠近富兰克林岛罗斯海的冰冷海域发现了四种先前未知的鱼类,其中两种属于阿氏龙䲢，另外两种与水母相似。这一海域并不以鱼类多样性而闻名，只有大约130种鱼类，所以这个新增加的数字是令人吃惊的。

更详细地说，新发现的鱼分别为：

南极石须阿氏龙䲢（artedidraco glareobarbatus）生活在海绵海底附近，使用被称为触须的下颌延展来吸引猎物（其他鱼类可能认为这是一种蠕虫）。该种龙䲢过着简单的生活，它们待在海底，等待较小的鱼类或甲壳类动物漫步通过，然后一口吞下。这种鱼有15英寸（38厘米）长，这些棕褐色肚皮的海底居民拥有宽大平坦的头部，大嘴巴和大眼睛。

南极脑状须蟾䲢（Pogonophryne cerebropogon）在大约1 000英尺（305米）深的海中被捞获。

还有两种泪滴形鱼类也被发现，但尚未命名。它们体内有胶质，使得它们能像水母一样具有浮力。

▶ 在寒冷的南极水域怎么会有鱼生存？

与世界海洋的温暖水域相比，很少有鱼类生活在南极水域，虽然那里有比你想象中更多的鱼类。一些科学家认为，直到大约3 500万年前，这一水域有种类繁多的鱼类，可能是因为当时的海水暖和得多。随着时间流逝，海流和陆地发生改变，现在冰冷的海水被带到该地区，但鱼类仍留在那里并适应了当地海水的变化。

在过去的1 500万年间，很多鱼类繁衍发展。它们有一些同温水地区鱼类不同的具体特征。例如，某些南极鱼类，包括䲢类，没有鱼鳔，所以它们不依赖空气在水中漂浮；有些鱼类增加了身体脂肪，降低了骨架的密度，这增加了它们的漂浮能力。许多南极鱼类被认为会产生一种"防冻"的蛋白质，在寒冷的水域中得以保护自己。它们成功的另一个原因是当地缺乏竞争者：相对较少的鱼类会冒险进入这样寒冷的水域。这被称为适应辐射，即某一物种会填补其他物种不愿冒险进入的栖息地，因此在当地不存在生存竞争。竞争的缺乏也可以快速推动进化过程，这发生在寒冷南极水域的鱼类身上。事实上，一些研究人员估计，最近在南极发现的新物种在那里生存了几百万年。

其他海洋生物

▶ **除了哺乳动物、鱼、鸟类和爬行动物外,还有什么其他海洋生物?**

海洋动物的门属中,以上没有提及的还有:

海洋蠕虫;

多孔动物(海绵),大约有1万种;

腔肠动物或刺胞动物(水螅、水母、珊瑚虫、海葵);

栉水母类动物(栉水母);

外肛动物(苔藓虫);

腕足动物;

软体动物(这一门正在修订,但它传统上包括蜗牛、海螺、鲍鱼、蛤蜊、贻贝、扇贝、牡蛎、海螺、鹦鹉螺、鱿鱼和章鱼),大约有80 000至100 000种;

节肢动物(马蹄蟹、海蜘蛛、龙虾、螃蟹),大约30 000种;

棘皮动物(海百合、海星、海蛇尾、海胆、海参、沙钱);

被囊动物(海鞘、樽海鞘);

无头动物(文昌鱼)。

▶ **什么是海洋蠕虫(marine worm)?**

海洋蠕虫是一个松散的术语,用来描述独立或寄生的无脊椎动物。海洋蠕虫大约有9个门(组):

棘头门:这些动物是一种头部多刺,呈腊肠状的寄生虫。当它们被鱼吃掉后就附着在鱼的肠道,并且经常损害宿主的消化。如果鱼被其他动物如鸟或海豹吃掉,这些蠕虫就会找到新的宿主。

棘尾门:这些勺状蠕虫生活在世界各地,尺寸从0.4到24英寸(1到60厘米)不等。它们有一个奇怪的折叠器官(内部)用于采集食物。虽然这种蠕虫的平均身长只有约3英寸(8厘米),但它们的吻可以长到30到40英寸(90至100厘米)长。

扁形门：这一门包括25 000种，大多是寄生扁虫，如吸虫和绦虫。绦虫可能以鱼为宿主，它们也能感染人类。

纽形门：纽形蠕虫又称为丝带虫，全世界大约有800种。带状蠕虫最长可以长到100英尺（30米），在深海水域和海底都能发现。

囊虫门：这些是圆形蠕虫，虽然有人质疑这一分类，这一门中的所有种类可能只是一种。这些蠕虫大多数是小型食腐动物，以死亡的有机体为食。

帚虫门：这些是马蹄形蠕虫，通常小于0.4英寸（1厘米）。它们可以钻入珊瑚、岩石或贝

海洋生物中包括细小的蠕虫，就像这只正在爬出管子的缨虫。（国家海洋和大气管理局）

壳，使用酸性分泌物分解和溶解钙碳酸盐。

星虫门：这些是花生形蠕虫，有325种。

毛颚门：这些是箭虫，有150种。它们通常生活在浅水中，幼体时也被归类为浮游生物，它们是大陆架食物链的重要环节。这种蠕虫平均为0.4至1.2英寸（1至3厘米）长，但可长到超过4英寸（10厘米）。它们有几种和鱼一样的特点，包括众多的几丁质（纤维）的牙齿、外部脚蹼和独特的尾部。

环节门：该门是节蠕虫，如海洋节虫、水蛭和蚯蚓。环节动物的名单很长，分为两个纲——多毛纲和环带纲（寡毛纲和蛭纲）。多毛纲大多是海洋生物，高度多元化。许多这类动物使用疣（外形酷似脚的附属物）在海中运动，它们是滤食性动物，能够游泳或掘洞。

▶ 已知最长的蠕虫是什么？

带状蠕虫是世界上这些生物中最长的。例如，一种带状蠕虫被称为鞋带蠕

虫,生活在大不列颠沿海,平均长度为15英尺(4.6米),但据报道有的长达100英尺(30米)。

▶ 什么是海绵?

海绵不是你在厨房里用的多孔布。滤食性的海绵是多孔动物门的成员,种类超过万种,全部水生,其中大部分是海洋居民。海绵生活在从潮间带到26 000英尺(8 500米)深的海域内。这些简单的生命形式没有器官,也不能移动。它们具有细胞构成的外层和内层,内层从流过的水流中抓住微小的食物颗粒。海流还给这种动物带来氧气并带走二氧化碳废物。某些海绵具有化学防御功能,能产生攻击性的味道和气味,以防范天敌。还有一些海绵物种是寄生性的,侵入珊瑚和贝壳动物,杀死宿主而存活。

▶ 所有海绵都是被动活动的吗?

不是,大部分海绵具有可以活动的细胞,抓捕和消化在海流中漂过的细菌或碎片。一些海绵并不坐等微生物颗粒漂过。在地中海浅海的水下洞穴中,科学家们发现了一种新的肉食性海绵,它们有覆盖着小魔术贴一样的挂钩触须。这些触须能抓住游过的虾一类的甲壳类动物,当海绵开始消化捕获物时,就会伸出更多的触须包裹受害者。

▶ 海葵和水母是亲戚吗?

是的,海葵和水母的关系非常密切。海葵就像一个倒置的水母,但不能像它的堂兄一样自由游动,它一生都依附在岩石上。

▶ 水母体内有多少水?

即使是最坚硬的水母,体内也主要是水,约占体重的94%。水母使用挂在自己身上的长长触须捕捉食物,这些触须上长着许多带刺的细胞。

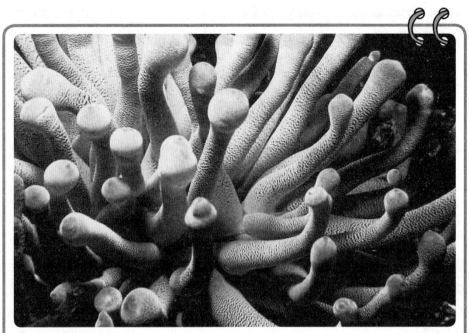

海葵是水母的亲属，但不像其表兄弟，它一生都附着在岩石上。这只海葵在科苏梅尔（墨西哥）海岸的海底被发现。（美联社照片/威斯康星大学，玛吉·穆莱特）

▶ 什么是"战斗的葡萄牙人"？

"水母"中的"战斗的葡萄牙人"指的是僧帽水母属的僧帽水母，它不是真正的水母，尽管它同属腔肠动物纲。"战斗人"实际上是一种相似动物的群落，它们附着在海洋表面的充气囊体上，尾部释放出平均长达50英尺（15米）的大团触须，最长的纪录达到160英尺（50米）。这些触须能够导致强烈的刺痛，并且导致人类发生致命休克。充满气体的囊就像一个帆，但是僧帽水母无法控制它的方向，所以你不能吓走这种生物。整个有机体在特定的地方进行繁殖，捕捉猎物并将它们消化。它的天敌包括海龟和海蜗牛。

▶ 水母真的是已知最长的动物吗？

是的，北极水母是已知范围内最长的动物。这些生物可以长到惊人的尺寸。

1865年在马萨诸塞海滩拾到的一只水母身体长7.5英尺（2.3米），有120英尺（37米）长的触角，从触手到触手的总宽度超过240英尺（74米）。

▶ 水母如何游泳？

大多数水母形状像一个蘑菇，但虚弱的体壁无法真正产生有力的收缩。这种动物的圆形身体（有时称为"铃"）向对角线方向和下方强行喷出水，使得其保持向上的姿态，并在垂直方向上推动它前进。

▶ 栉水母(comb jelly)是水母吗？

不，栉水母不是水母，但它们往往被其他动物误认。栉水母和水母都呈凝胶状，都有一个大的"头"和触角。但它们也有重要的区别：大多数栉水母不带刺，而大多数水母有刺。栉水母的纤毛带分为八个部分，这使得它们能够在水中向前和向后移动；水母通过抖动圆形身体垂直移动，但栉水母只能随着波浪和海流在水平方向上移动。

▶ 什么是苔藓虫(bryozoan)？

苔藓虫主要是聚落生活的海洋无脊椎动物，在海岸边数量巨大，它们在木桩、贝壳、岩石和藻类上随处可见。人们往往误认为它们是海藻、苔藓或水煮过的意大利面条！大多数这些生物体长小于1/32英寸（小于4/5厘米），它们的主体通过肌肉附连到椭圆形、盒形或管状钙质壳上。该生物的幼虫自由游动，最终落在牢固的结构或岩石上。苔藓虫的触角从它的壳里伸进伸出，捕捉微小的食物颗粒；这种生物通过触须旁边的

苔藓虫经常群居在一起，这张照片上的苔藓虫生活在夏威夷瓦胡岛波凯湾的水下电缆上，一条须鲷正在它身边徘徊。（国家海洋和大气管理局）

肛门管排泄废物。

▶ 什么是腕足动物？

腕足动物类似于双壳类软体动物，它们是有双壳体的海洋无脊椎动物（换句话说，它们是有两个封闭壳体的软体动物）。它们被分成有铰接壳和没有铰接壳两种。腕足动物的壳内有一对"胳膊"与触须相连，该动物用触须抓住水中漂过的微小食物颗粒。以前它们数量要比现在多得多，现在灯贝也归入此类。

▶ 软体动物门的代表动物是什么？

虽然这一门正在修订（人们对这一门类内部的划分有争议），但其中大部分成员都是人们熟悉的名字：蜗牛、牡蛎、蛤蜊、贻贝、鱿鱼、章鱼和鹦鹉螺。这些动物是高度发达的不分段无脊椎动物。目前已知的软体动物超过80 000种，它们是是一个多元化的群体。

▶ 什么是双壳类、单壳类和头足类？

这些术语描述的都是软体动物门的成员：双壳类（这类动物由两个类似的壳保护）包括蛤蜊、贻贝、扇贝、牡蛎和蚌；单壳类（只有一个外壳，也被称为腹足类）包括蜗牛、海螺和鲍鱼；头足类动物包括鹦鹉螺、鱿鱼、章鱼和乌贼。由于大多数人也许将软体动物等同于贝类，这最后的一组需要一些解释：头足类动物有一个围绕头前部的肌肉臂群，而且这些臂都配备了吸盘；这些生物也有高度发达的眼睛，它们通常有装着漆黑液体的囊袋，可喷出墨汁以防御天敌。

▶ 双壳类真的能用来制作手套吗？

是的，虽然这听起来似乎很奇怪，这些海洋生物曾经为意大利的手套制造商提供了线状材料。双壳笔贝是地中海中最大的贝类，它们使用粗长的线把自己的壳固定在海底。渔民可以收获贝壳，并把这些结实的线交给皮革工匠织成手套。

▶ 蛤蜊有哪些特点?

蛤蜊是最奇怪的动物品种之一。因为它们没有一个明确的头部,没有人能说清楚这种双壳软体动物的前端和背面的区别。它们能够自由移动,但很少改变所在的地方。蛤蜊能分泌足够的碳酸钙制造出两个环绕身体的板,一块比另一块大一点。沿两个壳之间的铰链线,通常有一个内部锁齿。当外壳被关闭时,有一个微小的间隙,允许其一只脚通过。

▶ 怎么判断一只蛤蜊的年龄?

像年轮显示树的年龄一样,蛤壳上具有粗糙的条纹,每一条代表一年的生长。一些环有不同的大小,这取决于周围的环境条件或季节,这也和年轮类似。

▶ 什么是贻贝?

贻贝是一种双壳类软体动物,它们有两片细长的壳,生活在潮间带和潮下浅水区,在那里大群的贻贝聚生在一起,称为贻贝团块。它们用从靠近脚部的腺体发射出的液体凝成的线把自己固定在岩石上,这些液体接触到海水后就会变硬。贻贝适应能力极强,在全世界都有分布。

贻贝的主要天敌是海星,比目鱼和海鸟也吃贻贝。人类收获贻贝作为食物来源,因为这种动物具有高浓度的维生素、蛋白质和矿物质。

▶ 一个扇贝是如何横跨海底移动的?

与大多数双壳类不同,扇贝能够以非常快的速度在海底移动。它们不使用脚,但迅速打开和关闭铰接的贝壳喷出水,使得它们能够在海底"跳动"。当它们打开外壳时,也可以看到要去的地方,它们的眼睛围绕在壳体的边缘。

▶ 什么是腹足类?

腹足类(单壳类)动物是软体动物中最大的一类,约有15 000种化石类型已经被确定,有超过35 000种活到现在。大多数腹足类动物是螺旋形的,其螺线就是所谓的旋涡。外壳的顶点或尖端具有最小的螺纹,在这种动物的幼年时代形成。随着腹足类长大,它形成了更多的轮,最终形成的螺旋称为体螺层,其顶端有孔或开口。腹足类包括郁金香蜗牛、鲍鱼、海螺等以及宝贝。

▶ 什么是"海中蝴蝶"?

生活在浅水中的无壳腹足类也被称为海蛞蝓或"海中蝴蝶"。不同于用贝壳保护自己,这些动物已经开发出生物或化学方法来对付天敌。它们的美丽和生动多彩的警告图案使它们获得了绰号。这些动物包括海兔和裸鳃亚目。

▶ 什么是鹦鹉螺?

鹦鹉螺是一种头足类软体动物。生活在腔体中的鹦鹉螺因其外壳被视为最有名的头足类动物。它的外壳被相同材料构成的隔片分成不同的腔。随着生长,鹦鹉螺创造了新的更大的腔,从而日益加大外壳的螺旋。鹦鹉螺拥有超过90条顶部有罩的触角。它还具有发达的眼睛,但它比其他头足类动物的眼睛更简单。

目前只有6种已知的鹦鹉螺,大多数生活在热带深水中,因此科学家们对这种生物知之甚少。人们所知道的是,这种动物白天都待在海底,要么休息,要么用其触角固定在海底。当它游泳时,通过让水从它的前腔(同所有头足类相似)喷出,使自己的身体向后移动。到了晚上,鹦鹉螺上浮到浅水区,它通过分泌气体进入壳室并排除水使自己向上浮起。一旦到了浅水区,它在珊瑚礁或岩石区进食,用它的触角来捕捉小型的缓慢移动的鱼或无脊椎动物。

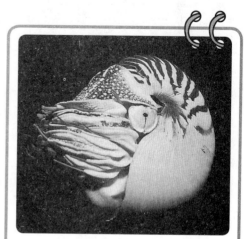

随着生长,鹦鹉螺产生新的腔,形成螺旋形的外壳,这种原始软体动物因此闻名。(CORBIS图片/阿莫斯·纳丘姆)

▶ 巨型乌贼有哪些共同特点?

巨型乌贼是一种巨大的头足类动物,有8条臂膀和2条长的触角,顶端有吸盘形成的"棒",用来抓住猎物。从来没有人见过活着的巨型乌贼。被冲上海岸的最大的巨型鱿鱼长59.5英尺(18米),重半吨。巨型乌贼被认为有动物中最大的眼球:它几乎相当于成年人的头部大小! 这种动物是抹香鲸的猎物,而巨型乌贼则主要吃鱼类和其他乌贼。

▶ 乌贼真的能喷出墨汁保护自己?

实际上,乌贼和章鱼能产生暗褐色的墨汁。它们不仅在害怕时喷出液体,还用来迷惑天敌。

乌贼(从其长尾的一段看过去)是游动速度最快的无脊椎动物:通过喷水推进的方式,它通过挤压出身体内的水来推动自己前进。(国家海洋和大气管理局/海洋和大气研究国家海底研究项目)

▶ 乌贼如何在深海中游动？

乌贼是无脊椎动物中游得最快的，它通过向一个方向挤压出身体里的海水来推动自己前进。这种"喷气推进"方式使得乌贼能够迅速赶上猎物，甚至能推动自己跃出水面，偶尔还会掉落在船舶的甲板上！乌贼有环绕头部的10个突起（包括八只手臂和两只触角），前端附有吸盘；它们有流线型的身体，有助于减少海水阻力。即使这一切特征能够保证乌贼的速度和敏捷性，但它还是必须随时保持游动，否则就会下沉。

▶ 大型乌贼能游多快？

大型乌贼，尤其是在较短的距离内，可以达到每小时20英里（32公里）的速度。它们属于游得最快的海洋生物之一。

▶ 章鱼喜欢游泳吗？

不，章鱼作为一种海洋动物并不经常游动。只有在受到威胁时，章鱼才游动。这是因为章鱼缺少其他头足类海洋生物流线型身体，这让它难以成为一个优秀的游泳者。章鱼喜欢与固体结构保持接触，用其众多吸盘的手臂拉住自己。章鱼也是一种孤独的动物，喜欢在石洞、洞穴或岩石下面寻找庇护所。因为没有外壳，它可以挤入一些非常窄的小孔和裂缝。这些动物通常只在寻找食物或避开天敌时才离开庇护所。

▶ 章鱼的手臂是什么样的？

多数章鱼的手臂上有大约240个吸盘，通常排成两行。吸盘的大小有所不同，直径从几分之一英寸到2.8英寸（几毫米至7厘米）不等。要想把一个直径1英寸（2.5厘米）的吸盘从吸附物上取下来，需要施加约6盎司（170克）的压力，这显示了章鱼的吸附力有多么强。想象一下，一只平均大小的章鱼的吸附力会有多大！（假设章鱼有240个1英寸或2.5厘米的吸盘，那么需要约90磅或41千克的力才能挣脱这种动物的吸附力。）

是否有的章鱼具有发光的能力?

是的,科学家最近发现了一种奇异的深海章鱼,它的吸盘能在黑暗中发光,这种章鱼称为十字蛸。研究人员过去认为,这种章鱼像其他生活在浅水中的章鱼一样,用吸盘夹住猎物或攀附岩石在海底疾走。

但这种"新"的鲜橙色章鱼的蹼肢有所不同。它生活在水深约325英尺(约900米)的深海中。由于在这片水域没有东西可以攀附,而且其所捕猎的食物太小难以用触手抓住,它开发出了一些其他的技巧。在这种章鱼的触手内侧有看起来像吸盘的小型圆盘,但它们没有进行吸附所需要的肌肉。相反,这种吸盘上有发光细胞,能发出蓝绿光芒。而由

多数章鱼的八条腕足上每条都有240个吸盘,或者说,每条章鱼有2 000个吸盘!(国家海洋和大气管理局/海洋和大气研究国家海底研究项目;T.夏弗)

于大多数章鱼具有良好的视力,并使用视觉信号进行通信,这种光可以很好地吸引猎物、威胁敌人,或在较暗的环境中和同类进行联系。科学家称此为进化转型,即在一个物种身上正在发生的进化,以便能够占据一个格位(具体的栖息地)。

甲壳类在动物界中如何分类?

像螃蟹和龙虾这些为人们所熟悉的动物,都属于节肢动物门甲壳类。事实上,由于种类超过26 000种,甲壳类是节肢动物中最大的类别。甲壳类大部分是海洋动物,有几丁质(纤维)和/或石灰质(壳状)的外骨骼;也就是说,它

们身体的外部包裹着有点软的骨骼结构。这些动物有分节的身体，每节身体上通常有成对的腿（或附属物）。它们也有两套触角。其他海洋甲壳类动物包括海蜘蛛、磷虾和藤壶。它们的陆地亲属包括木虱。

貌似正在交配的一对马蹄蟹，它是数百万年以前海洋甲壳类动物的后裔；甲壳类动物是有史以来最成功的动物种类。（国家海洋和大气管理局/玛丽·霍林格，NODC生物学家）

▶ 什么是甲壳素？

甲壳素是节肢动物外骨骼以及螃蟹、龙虾和昆虫的壳（其实也是外骨骼）的主要组成部分（一种坚硬的多糖结构）。它也存在于一些腔肠动物、硬珊瑚和海葵的硬质结构中。甲壳素实际上是一种天然聚合物，结构上与葡萄糖有关；它可以用来制造防水纸和可食用的食品包装。科学家们甚至开发出一种技术来制造线状的甲壳素串，用于割伤和烧伤的包扎材料，因为甲壳素具有明显的抗真菌和促进愈合特性。

▶ 什么是海蜘蛛？

海蜘蛛有点类似陆地上的蜘蛛，但这些4到6条腿的节肢动物生活在海洋中，也叫鞭蝎。较小的海蜘蛛大约长0.01英寸（2至3毫米），生活在浅水区；较大的海蜘蛛，有些能超过20英寸（50厘米）长，生活在深海。它们是肉食性动物，有些猎食其他无脊椎动物，将它们吸干，或从猎物的腿上撕下肉来吃。

▶ 哪些海洋动物一生都头向下直立？

一种叫做藤壶的甲壳类动物在整个成年期头都向下直立：藤壶幼虫能够自

由游动,当它找到一个合适的居住地后,就用头部的一个腺体将自身黏合于该物体表面。然后藤壶围绕其上下颠倒的身体建造火山状的外壳板。因此,作为一个成体,这种动物再也不能动弹。许多种类的藤壶生活在潮间带,在那里它们被涨潮覆盖,退潮后露出水面。当潮水退去后,藤壶紧闭壳板,以保持水分;当潮水到来后,壳板顶部打开,羽毛状的"手"(节肢动物的腿的残余)抓住路过的食物颗粒,然后把食物吃进肚子。

藤壶用头部的腺体把自己"粘"在任何物体的表面,一生都呈一种倒置的姿势。这张照片中的鹅颈藤壶附着在一个已经死去的海绵上。(国家海洋和大气管理局/海洋和大气研究国家海底研究项目;J.摩尔)

▶ **藤壶将自己附着在何处?**

并非所有的藤壶都依附在岩石上,许多船主可以证明这点。一些种类的藤壶寄生在其他甲壳类动物或珊瑚身上;其他藤壶是独立生存的物种,附着在鲸、海龟和其他海洋生物身上。一些藤壶对商业海洋企业会造成影响,因为它们附着在船舶、码头和海上设施的底部。

▶ **什么样的甲壳类动物是"可食用的"?**

可食用甲壳类动物的名字为大多数人所熟悉,比如磷虾、螃蟹、龙虾、对虾、螯虾和小龙虾。但是,这些动物只占整个世界范围内海洋捕捞量的约3%(鱼类在总捕捞量中约占90%)。

今天的甲壳类动物的祖先出现在数百万年前的海洋中,并且被认为是一些有史以来进化最成功的动物。这些甲壳类动物中,只有相对很少的品种能够作为人类的食物、其他海洋动物的食物或诱饵,甚至是用作农作物的肥料。

▶ 什么是磷虾？

像虾一样的磷虾是生物丰富的海洋上层最大型的浮游生物，也是最小型的甲壳类动物。大多数磷虾生活在南极附近的南大西洋、挪威海和世界各地的其他寒冷海水中。

磷虾同虾相比有一点重要的不同：其尾部末端有刷毛。磷虾常常组成巨大的种群，在一个地区有多达100万只聚集在一起。磷虾在海洋食物链底部发挥着巨大的作用：它们是某些鱼类、海豹、企鹅、海鸟、鲱鱼和沙丁鱼的食物，巨大的蓝鲸和须鲸有时只吃磷虾。事实上，据估计须鲸每年能消耗掉约3 300万吨磷虾，企鹅每年消耗约3 900万吨，海豹约400万吨。

日本就生产磷虾肉和蛋白浓缩物。俄罗斯也一直参与捕捞磷虾，并制作磷虾黄油和奶酪等产品。

▶ 磷虾数量能反映气候变化吗？

是的，磷虾数量可能反映出气候变化和其他环境变化。这种微小动物对温度、盐度和紫外线辐射的波动极为敏感。科学家一直关注着磷虾种群的变化，特别是其数量减少同南半球臭氧层（臭氧层保护地球的生物体免受紫外线的伤害）减少之间的关联性。

▶ 世界主要的蟹类产地在哪里？

主要的蟹类捕捞地，从亚洲和北美海岸延伸到太平洋中部和北部（帝王蟹和邓杰内斯蟹的栖息地）以及北美洲的大西洋沿岸。西班牙北部和法国西部的比斯开湾、爱尔兰南部海岸外的北大西洋和北海也是捕捞蟹类的主要地点。

美国最古老的蟹捕捞业始于蓝蟹，早在17世纪30年代就有记录提到切萨皮克湾的海蟹。如今，蓝蟹分布在佛罗里达、马里兰、北卡罗来纳州和弗吉尼亚。

▶ 什么是龙虾？它们分布在哪里？

龙虾是甲壳类动物，包括真龙虾、刺龙虾、西班牙龙虾和深海龙虾。它们属于十足目,这一种类除了龙虾外,还包括最常被人类食用的其他甲壳类动物,比如螃蟹和虾。所有的龙虾具有柄眼、几丁质(纤维)的分段外骨骼(由三部分组成的身体)和五对步足。还有一对行走腿是螯或爪,并且在大多数情况下,一只螯比另一只大一些。

龙虾是非常长寿的动物,大约5岁成熟,寿命超过50年。它们通常能生存这么久,是因为几乎没有天敌;如果能够躲开海星或鳐鱼,它们唯一的捕食者就是人类。龙虾在大约1 000英尺(300米)或更深的水中数量最多,它们吃腐肉(死的动物),如果能抓到活鱼,它们也吃。

龙虾在约1 000英尺(300米)以下的海水中数量最多,这只龙虾被发现于太平洋的珊瑚礁。(国家海洋和大气管理局/海洋和大气研究国家海底研究项目,E.威廉姆斯)

▶ 龙虾有什么样的行为?

龙虾似乎是一种自行其是的动物:没有人能够成功地进行龙虾的商业"养殖",这就是为什么世界各地仍在用笼子捕捉龙虾。这种甲壳类动物往往行为怪异。例如,人们发现北大西洋龙虾列队沿着洋底行动,但没有人知道为什么。一些科学家推测,这种游行多少同当地龙虾数量增加有关。

▶ 哪种龙虾能够被捕获?

有三种龙虾的捕获量最大:美洲龙虾约占捕获量的50%,欧洲龙虾约占30%,挪威龙虾占其余的大部分。

▶ 什么是虾?

世界上已知有超过 2 000 种虾, 都属于较小的甲壳类动物(与这个词有关的东西都不大)。从淡水河流到深海都能发现它们的栖息地, 但大部分虾是海洋生物。虾的身体有点扁平, 有一尾扇同相当长的腹部连接。大多数虾用它们的五对步足整天在海底四处走动, 或者使用四肢挖掘泥沙以松动食物颗粒。它们通常在夜晚捕食小型甲壳类、蠕虫和软体动物。

虾的平均寿命为 3 年。但它们用繁殖数量来弥补短寿命: 在这 3 年中, 雌虾可以产下两万多个后代。虾也比其他甲壳类动物更具韧性, 它们可以适应温度和水中盐度的剧烈变化。

海胆是否会扔掉它的刺?

不会, 海胆扔刺是一个传说。它们也不会跃到无助的过路者身上。大多数海胆如果它们自己不介意的话, 是可以被拿起和手持的。但也有例外, 例如, 南佛罗里达和加勒比海地区的长棘海胆的刺可以轻易穿透人的皮肤, 并断裂(就像一个碎片)。而且由于刺上的倒钩具有轻微毒性, 这种刺伤令人相当痛苦。

海胆往往生活在潮汐池或略低于低潮线的地方, 因此它们是海鸟、海星、龙虾和陆生动物比如狐狸的猎物。海胆的球形身体被称为体壳, 口部在底部而肛门在顶部。体壳分为 10 个部分, 其中 5 个有孔, 供管足伸出(成行排列)。海胆吃东西的口部结构被称为"亚里士多德的灯笼", 在嘴部中心有 5 个长在一起的牙齿就像鸟喙。这些牙齿能让海胆从岩石上刮下藻类, 牙齿磨损后还会长回来(保持它们原来的大小)。覆盖在海胆身上的刺用于清洁和防身, 有一些刺含有毒素。每根刺通过一种球袋结构连接到体壳上, 使得刺能够移动。当海胆死亡后, 刺会脱落, 体壳内部的身体分解, 只剩下外壳。

▶ 为什么虾被称为"珊瑚礁中的匪徒"?

不是所有的虾都是匪徒,这个绰号特指2英寸(6厘米)长的手枪虾,它们居住在珊瑚礁周围。它拥有一个大的右钳足,上面有一个爪和与之匹配的孔。当小鱼经过时,这种微小的甲壳类动物冲出藏身地,用"手枪"瞄准,猛地用大钳子夹住小鱼。这时会产生了一个使小鱼晕过去的冲击波,这种虾就趁机痛下杀手。

▶ 是否有某种鱼会保护虾?

是的,某种类型的虾虎鱼(Cryptocentrus coeruleopunctatus)会在它与虾共同居住的海底洞穴入口守卫正在捕食的虾。当小虾用爪子挖掘和清理洞穴时,虾虎鱼也在一旁守卫,它的一根触角会同虾保持接触。如果有危险,虾虎鱼就晃动触角。虾感觉到天线的运动,就会和虾虎鱼一道逃进掩体。

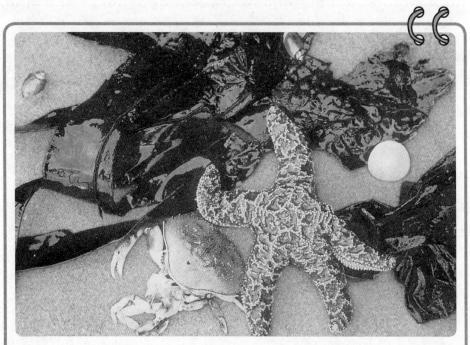

在俄勒冈州中部,退潮后海洋生物被搁浅在沙滩上:海带、螃蟹、海星和海胆。(CORBIS图片/布兰登·D.科尔图解)

▶ 鳌虾和小龙虾之间的区别是什么?

鳌虾是生活在淡水里的甲壳类动物,小龙虾则几乎完全生活在海洋(或咸水)中。由于小龙虾和它的甲壳类动物表兄——龙虾非常相似,它们有时也被称为"刺龙虾"或"假龙虾",但小龙虾是不是真的龙虾,尽管许多小龙虾个头能长得很大并且同样美味。

▶ 什么是沙钱?

沙钱实际上是一种形状扁平的海胆。它的体壳上有非常微小的可移动的刺,使得沙钱呈现出平滑的毡状外观和触感。这些刺使得这种动物可以挖掘沙子。沙钱的顶部呈现花朵形状,相当于海胆的5排管足。这些管足从花瓣中伸出来用于换气(呼吸)。

▶ 海盘车(starfish)与海星(sea star)之间的区别是什么?

这两种称谓真的没有什么区别:海盘车是一个过时的和不准确的名称,现在正在被海星的名称所取代(因为海星根本不是鱼)。海星是棘皮动物门的成员,经常居住在岩石潮池,直径有6到12英寸(15到30厘米),虽然有些海星直径达26英寸(65厘米)。大多数海星有5个腕,个别的有10个。海星的顶部包括角质(几丁质)的板,腕的下部有管足,或一系列小而灵活的吸盘。海星用腕移动和抓捕猎物,它的腕也可以再生。这种食肉动物的嘴位于星形身体的底部中央。蠕虫、甲壳类、双壳类(尤其是牡蛎)都是海星的食物。

五 海洋世界

海洋生物群落

▶ 什么是海洋生物群落?

海洋生物群落是指某一区域中海洋生物以及/或者其物理特性将它们与其他区域区别开来。社区内独特的生物体集合主要依赖于该区域提供的食物来源。海洋社区可以位于任何海岸沿线区域或是公海区域。

▶ 海洋生物群落的例子有哪些?

海洋生物群落的例子有很多。这些群落可以根据物理特征,如岩岸、沙滩或潮间带生物群落,或者根据支配该生物群落的主要生物体来进行定义,如红树林或珊瑚礁生物群落。

▶ 什么是潮间带生物群落的特点?

潮间(或沿岸)区域是指海岸线在涨潮期和落潮期被定期覆盖或暴露的部分,也是各类能够忍受交替环境条件——埋于水中或暴露在空气之中的动植物的聚居区。

涨潮时,生物体被包裹于稳定的水温之中;虽然在暴风雨期间,它们会被海浪持续击打并且之后的碎片会被海浪带进海里。

落潮时,生物体则暴露于空气之中,并且温度和光线也会时不时地发生变化。在那些有融雪地方,潮间带生物也会接触到新鲜的淡水。

▶ 什么样的生物生活在潮间带区域?

对于潮间带丰富多样的海洋生物进行分类和概括是一件非常困难的事情,这主要是因为海岸线的类型也存在着不同——岩质海岸或沙质海岸。同时我们也知道,潮间带存在着复杂的动植物组合。在潮上带,动物和植物群落类似于陆地生物;在潮下带,植物和动物群落类似于海洋生物。每一区域中陆地或海洋动物的数量取决于每个区域暴露于空气或水中的时间量。

▶ 是不是所有的潮间带都是一样的呢?

答案是否定的,不是所有的潮间带都是相同的。潮差变化非常大。例如,在波罗的海,几乎没有海潮;而在布里斯托尔海峡,春天潮汐的变化超过33英尺(10米)。此外,潮间带分布在各种不同的气候区——从沿赤道的温暖水域到北方气候影响下的寒冷水域。

海岸群落(岩质海岸和沙质海岸)

▶ 潮汐如何影响海岸生物?

许多沿着海岸生活的生物,包括动物和植物,都受到潮涨潮落的影响:大约12小时(通常的潮汐周期)海洋环境,其余的时间则暴露在水面上。由于阳光的照射以及风和阳光的干燥效应,当地的温度经常发生戏剧性的变化。

▶ 海流是否会影响海岸生物?

会,一些生活在海岸的生物会受到海流影响,主要是由风引起的表面海流。

加拿大不列颠哥伦比亚省本拿比海峡，退潮后暴露出来的海星和其他生活在潮间带的动物们。（CORBIS/雷蒙德·格曼）

这些海流将营养物质和生物(如浮游生物)送到岸边的水域,为海岸生物提供食物。但是,这些相同的海流也可以把营养物质带到海里,使得海岸群落的生存条件十分多变。

▶ 岩石海岸和沙质海岸生物之间的最大的区别是什么?

岩石海岸和沙质海岸动植物之间有一个很大的不同:沿着岩石海岸,生物可以附着在岩石上,而沿着沙质海岸线,生物没有办法附着在沙滩上。

▶ 什么是岩石海岸群落?

一般来说,岩石海岸群落像所有的海岸线地区一样,生物生活在不同的区域,而且彼此之间不断变化。主要的区域包括:

上滩/飞溅区:在岩石海岸,这一区域是海洋生物向陆地方向可以居住的最远区域,在这一区域,破碎的海浪打湿了岩石。该区域的顶部是岩岸,下部是飞溅区。

潮间带:潮间带(所有的石质或砂质海岸都有)是海洋生物最具挑战性的生存区域,因为它的环境剧烈变化:当潮水涌入或发生风暴时,在此范围内的生物都受到海浪的冲击;潮水退去后,生物则暴露在干燥的阳光和空气中。

潮下带:潮下(或低潮线以下)带是低潮线以下的区域,该区域的生物只有很短的时间暴露在空气中。

▶ 什么是岩石海岸的黑区?

科学家将岩石海岸的三个主要区域(飞溅带、潮间带、潮下带)细分为一系列非常具有特色的区域,黑区是其中之一,它是海洋区域向陆地方向最远的区域,实际上被认为是陆地和海洋之间的过渡区域。它可以被认为是飞溅区的上方部分(该区域中的岩石被海水冲刷)或海岸岩石的最高点。在对岩石海岸进行的非常具体的区域划分中,黑区是接触海水最少的地区,它只有在大潮时才会被打湿。

帝企鹅将自己的家安在了南乔治亚岛（南大西洋）的圣安德鲁斯湾的礁岸上。（CORBIS/沃尔夫冈·科勒）

▶ 哪些生物生活在黑区？

岩石海岸的黑区包含蓝藻（原来叫蓝绿藻）层。其他植物体，诸如其他类型的藻类和海螺，也生活在黑色区域。这些生物有抗干旱环境的机制，例如藻类有凝胶状盖，海螺可以藏身在密封锥壳中，这使得它们能够保留赖以生存的水分。

▶ 什么是岩石海岸的白区？

岩石海岸的另一个特定区域是白区，其位置位于黑区的正下方。在这一区域内，岩石在退潮时暴露在空气中，在涨潮时被海水覆盖。该区域可被认为是飞溅区的底部（该区域的岩石被海水冲刷）。

▶ 白区内有哪些生物?

白区的多数生物都依附岩石生存,包括藤壶、软体动物(如帽贝)和狗岩螺。在退潮时,这些生物都把自己封闭在壳中以抵御干燥环境。例如,藤壶在退潮时关闭四个可移动的板;涨潮时,则把板打开。

▶ 在岩石海岸还有什么生物?

在白区以下,还有更多的生物(潮间带群落)。例如,褐藻——有些长度能够超过8英尺(2米),以及墨角藻。动物则包括利用足部腺体分泌线状细丝把自己附着在岩石上的贻贝。在最低的区域(只有在大潮期退潮时才会露出水面),则有海星、海参、帽贝、蚌和螃蟹。

▶ 什么是潮汐池?

潮汐池或潮池是沿着岩石海岸潮汐线以下的小水洼,经常被称为微型海洋。它们通常是岩石中的洼地或由较高的岩石围成的区域,能够保存海水。这些小水池中聚居着多种生物(植物和动物),它们要么永久地生活在水池中或者在涨潮时找机会离开水池。虽然这些水池位于高潮线到低潮线之间的各种角落,但那些生物最丰富的洼地都靠近低潮线。

▶ 什么动物生活在潮池中?

许多动物都可以生活在潮池中,这主要取决于潮池的位置。它们包括不同种类的帽贝、贻贝、螃蟹、海蛞蝓、海胆、海星、水螅虫、海蜘蛛、海蝎子、海葵、海绵等。鱼类,包括鲇鱼、刺鱼和虾虎鱼以及在海潮到来时可以快速吸附在岩石上的吸盘鱼。很多潮池中还有各种虾和对虾种群。这些池也吸引了居住在附近的其他动物,包括鸟类(如鸥)和哺乳动物(如浣熊)来潮池寻找食物。

▶ 什么植物生活在潮池中?

许多不同种类的植物可以生活在潮池中,同样这取决于潮池所在的位置。

潮汐池，比如黎巴嫩朱拜勒附近地中海海岸线的岩石延伸带上的潮汐池，是各种各样海洋生物的安居之所。(CORBIS/罗杰·伍德)

潮池中数量最大的植物是海藻，尤其是红色和绿色的藻类。这些潮池也能生长海莴苣和墨角藻。

▶ 什么是沙质海岸群落？

沙质海岸（或海滩）群落区域内没有任何大的石头或潮池，还缺乏在岩石海岸群落生存的藻类。这个区域的大部分地方覆盖着沙子，缺乏高大植物提供的保护。波浪和海流的作用不断地塑造和改变海滩的形状，没有东西能够长期停留在同一个地方。沙质海岸群落的动物和植物，要么住在高潮线上，要么住在高潮或低潮线以下。沙滩上部是从陆地到海洋的过渡区，真正的海洋生物会出现在潮涨潮落的潮间带。

图为加利福尼亚州蒙特雷的阿西洛马海滩潮水坑里的一朵海葵和其他植物。(CORBIS/麦克·宙斯)

什么动物生活在沙质海岸群落?

如果走在沙滩上,你也许可以找出许多生活在沙质海岸群落的动物。像岩石海岸群落一样,这一栖息地也分为不同的区域,每个区域吸引了独特的动物。

上滩/飞溅区:生活在沙滩上(包括后滨和后滩)的动物通常更像陆地动物而非海洋动物,其中包括幽灵蟹和海滩跳蚤。这个区域的下部是飞溅(或喷沫)区,受到碎浪产生的喷沫影响。

潮间带:上滩区的下部有更多的海水可利用,在这里动物的划分是基于如何获得食物和氧气。例如,鱼需要水,但其他生物,如砂斗,能呼吸空气并以冲上海滩的残骸为生。沙滩本身也能提供食物:在沙粒中生活的小甲壳类动物和蠕虫以微型藻类、细菌和有机物为食。生活在沙滩和潮间带周围的鸟类包括鸥、沙鹬、麻鹬、鸻、蛎鹬和石鹬。

潮下带(以下低潮)区:生活在低潮线以下区域的动物,包括蛤、贝类、沙蜀、蛤、灰岩蛤、螺、蟹、海钱、海星和介形虫。在大潮中,在沙中挖洞并以有机质为生的沙蜀最为活跃还有;还有一种岩蛤在涨潮时向海滩移动,在退潮时返回海里。

什么植物生活在一个沙质海岸群落?

沙质海岸群落的植物很少,这是因为海滩几乎没有"锚"(自然、物理的特性)将植物固定在沙子上。但也有一些植物生活在这个群落。在高潮线上部和遮蔽区域,有机质经常积累起来。在这里,砂泥混在一起,为锚鳗草、海滩豌豆、耳状报春花、盐雾玫瑰和海白菜提供了扎根的基础。高潮线下的植物很少,大多是生活在海水表层的光合浮游植物。

沿海湿地群落

沿海湿地的本质是什么?

沿海湿地是靠近岸边的低洼地区,包括河口、潮汐(或海岸)湿地和滩涂。

沿海湿地的分类很复杂,并且许多生活在各种湿地的植物和动物种类重叠,很难说哪种具体的动物和植物生活在哪个区域。

河口是海潮同河流径流交汇的区域,河流的淡水稀释了海水;盐沼是大而平坦的土地,不受潮汐海浪的影响,但仍会被咸苦的潮水淹没;滩涂(或潮泥滩)是相对平坦的区域,覆盖着非常细的泥沙(在河口地区),随着潮汐被海水不时覆盖;潮汐沼泽位于盐沼和滩涂向陆地的一侧。

▶ **所有的河口都一样吗?**

不,并非所有河口都相同。每一河口的形式取决于形成它的河流、潮汐情况以及气候条件。例如,沿着北美洲西海岸分布的河口很窄,因为河流沿着大陆的陡坡向下流动;在东海岸,河口往往更广,并向更远的内陆扩展,因为面向海洋的土地更平缓。

佛罗里达州水晶河的河口是丰富多样的生命物种——陆地和海洋物种的安家之所。
(CORBIS/大卫·明奇)

▶ 为什么河口地区如此肥沃?

河口植物死亡和腐烂后,它们由河流的径流和退潮的海水带入海洋。尽管生活在该地区的一些动物会分享部分营养,但其中很大一部分被卷走,滋养了沿岸的海水。河流的淡水和海洋的海水交汇造成了一种营养陷阱,使得河口水域的营养丰富度要比深海海水高约30%。

▶ 哪些生物生活在河口?

河口是许多植物和动物的家园。但就生物多样性来说,即使把河口附近的滩涂或盐沼里的生物也考虑在内,在种类上仍然无法同森林或湖泊群落相比。河口地区的植物包括光合浮游生物、各种草和海藻;动物包括浮游生物(甲藻和硅藻)、蜗牛、鸟类(如苍鹭)、海蜇以及数以百万计的小鱼。

▶ 为什么河口被称为自然过滤器?

生长在河口的植物发挥了天然过滤器的作用:草、海藻和其他植物降低了水流的速度,并在潮汐涨落时,去除掉水中的某些污染物。但是,并非所有的河口都可以过滤水,特别是如果存在过量的污染物,或者淤泥覆盖了植被,会扼杀植物的过滤能力。

▶ 为什么盐沼被认为是地球上最有活力和最严酷的生存环境?

盐沼被认为是地球上最有活力和最严酷的生存环境,是因为潮汐造成的特殊情况。当潮汐进出沼泽时,动物和植物必须在几个小时内在地面(陆地)生物和海洋生物之间进行转换。此时,水位、盐度、温度和暴露在空气中的程度差别很大,这对生活在其中的生物构成了挑战。除此以外,还必须忍受周期性的热带风暴和春夏季的洪水。

尽管环境恶劣,盐沼仍然是地球上最有生命力的生态系统之一。沼泽充满丰富的有机营养:当草腐烂时,细菌会将其分解;当潮汐涨落时,海水会在整个沼泽中混合并传播营养物质。

白鹭,如同那些在佛罗里达州萨尼贝尔岛上的达令国家野生动物保护区的动物们一样,是在盐沼中安家的动物种类之一。(CORBIS/雷蒙德·格曼)

▶ 盐沼中常见哪些种类的动物?

有许多种类的动物在盐沼中很常见。较大的动物通常从内陆而来光顾该地区,包括鹿、浣熊和麝鼠。鸟类,尤其是鸭、苍鹭、白鹭和老鹰,经常飞到盐沼。在沼泽的浅水中,有扇贝、海胆、贻贝、蛤、虾、蟹、蠕虫和小水母。而盐沼的爬行动物之一是钻纹龟,它们用自己的角质下颌吃植物或打开甲壳类动物和软体动物的外壳。

▶ 盐沼中常见哪些种类的植物?

盐沼中最常见的植物包括盐沼草(以及其他长在咸水中的草类)、芦苇和厚岸草。在浅水中,则常见进行光合作用的藻类。

▶ 滩涂上有什么生物?

滩涂包含流动的淡水和海水,因此移动的生物很难居住在这里,但其他生物扎根在泥中并茁壮成长。例如,线草、野鸭草和鳗鱼草扎根在浅水中。在更为平静的地区有海莴苣生长,它们是鸭、鹅类的最爱。小型动物(其中很多是穴居动物)包括蛤蜊、蜗牛、软体动物、甲壳动物和招潮蟹;这些生物是许多大型生物的食物,如涉禽、大海鸥以及苍鹭,它们都可以在泥浆中找到食物。滩涂被许多哺乳动物光顾,包括黄鼠狼、水獭和浣熊,它们在这里寻找螃蟹等食物。

▶ 在潮汐沼泽中能发现什么动物?

潮汐沼泽覆盖着芦苇和灯芯草(在更靠近内陆的区域则生长着树木和灌木),在这个领域生活着各种鸟类,包括绿头鸭、针尾鸭、野鸭、苍鹭、鹭鸶、沙鹬和山鹬等。哺乳动物也频繁光顾这些区域,寻找藏在芦苇中的小型动物(如黄鼠狼、水獭、水田鼠和各种鼠类,有一些地方还包括野猫)或泥中的小型动物(螃蟹、蜗牛和蠕虫)。

▶ 潮汐沼泽如何随季节变化?

许多潮沼的季节性变化类似于那些在草原上可以观察到的景象:在春季,它是绿色的;在夏季,它包含了紫色(熏衣草海)、黄色(黄花)以及粉红(玫瑰锦葵);在秋季,颜色有白色和紫色(紫菀)以及深绿色(灯芯草);而在冬季,这一切都变成棕色。

红 树 林 群 落

▶ 什么是红树林群落?

红树林群落(也称为红树林沼泽)是聚集生长的部分淹没在水中的耐盐树

木和灌木,世界各地大约有50种红树林。在美国,它们主要生长在佛罗里达州的南部和西部海岸以及佛罗里达群岛。红树林也生长于菲律宾、厄瓜多尔、印度、孟加拉国和印度尼西亚。

这些树的根系是红树林群落的关键:它们不光将氧气储存在泥土下,而且大量的根系还固定了泥土,建立起陆地,从而创造出一个充满生命的环境。

▶ 什么样的红树林生长在佛罗里达州?

佛罗里达州的红树林包括三种主要类型:红色红树林、黑色红树林和白色红树林。尽管有时候会发现它们共生在一起,但大多数时候一个区域里只会生长一种类型的红树林。

红色红树林:红树林的叶子拥有类似于皮革的质感;这一特质帮助它们在蒸发过程中减少淡水的损失量。这类植物的种子被称为繁殖芽体的雪茄形幼苗。种子从树上掉落,有时会在树下的泥中生根发芽。其他掉落的种子则可能

伯利兹海岸的离岸红树林岛屿在加勒比海区域形成了一片森林。(CORBIS/凯文·谢弗)

随着水流漂浮到另一个下游区域生根、发芽、生长、成林。红树林的根部从它们的树枝延伸下去——也就是通常所说的气生根。

黑色红树林：黑色红树林拥有能够进行呼吸行为的根部——呼吸根。这些根部如同小烟囱一般从泥中直伸出来，将地面之下根部生存所需要的气体传输过去。

黑色红树林的叶子可以排出水中多余量的盐，这也是为什么叶子上经常能够看到盐晶体的原因。

白色红树林：白红树林通常和黑色红树林一起生存，或者出现在内陆区域。当它生存在海水之中时，其树叶上的两个小孔，或树叶上的微孔能够排出海水中多余的盐分。

▶ 为什么在红树林区域可以发现如此丰富的生命形态呢？

这是因为红树林中含有丰富多样的食物网。它们颀长的根部为那些游动或爬行的生物提供了完美的庇护之所；凝结在根部的泥块为幼鱼和虾提供了安全的成长之地；树的顶部则是鸟类筑巢的理想之地；同时腐烂的红树林的树叶为周围的海水提供了丰富的营养物质，就吸引了众多觅食的鱼类。

▶ 红树林中最常见的动物类型是什么？

从树的顶部向下到复杂的根部系统，包括树附近的周边水域，有许多动物生活在红树林中。以下内容展示了其中一些具有代表性的物种以及它们的具体居所：

一只螃蟹正在拜访菲律宾巴拉望岛上的一处红树林沼泽。红树林的根能够为小鱼和幼鱼提供庇护之所，可以成为物种丰富的生态系统的安居之所。也正因为此，它能够吸引那些深海的鱼类来此捕食。（CORBIS/阿恩·霍达尼克）

树顶：鸟类，如褐鹈鹕、白鹭和大白鹭生活在树顶或邻近树顶的地方。在树的周围生活着体型较大的陆地动物，包括特定类型的鹿；例如礁岛鹿是佛罗里达红树林的常客。

高水位：在高水位（包括涨潮时）区域，很有可能看见沙锥齿鲨、黄貂鱼、红树林鲷（一种鱼类）在海水中游荡。

低水位：较低水位中盛产各种动物。原因之一是红树林的根部能够提供躲避捕猎者的庇护所和躲藏之地。而另一个原因则是腐烂的树叶能够提供富含营养的食物。这一区域中的动物包括蟾鱼、藤壶、海胆、蠕虫、海葵、虾、海绵、螃蟹以及被囊动物。

▶ 红树林中常见的植物类型是什么？

除了占主导地位的红树林本身，红树林区域也存在极少数植物。这些植物中数量最多的是水中那些小型的光合藻类；像海草一类的较大藻类也会在这一区域出现。

潮汐之外的生物群落

▶ 海洋有哪些区域？

海洋有五个区域；但"区域"并不等同于"生物群落"，因为不同区域之间的生物们存在着重合现象。（靠后的三个区域——次深海的、深海的和超深海的，构成一个区域中的三个主要部分。）

海洋上层（或者透光层）：位于海洋上层的光合作用带，包括海洋上层的阳光层，它能够接收到满足大多数植物生命体进行光合作用时所需的足量阳光。这一区域层从海面开始，延伸至海面以下656英尺（200米）处。

海洋中层（或者弱光层）：海洋中层区域拥有的光线已经很少，并逐渐陷入黑暗之中。它的范围从海面之下约656至3 281英尺（200至1 000米）处；也一些科学家将650至1 650英尺（200至500米）的区域称为深水区域。

半深海或深层（无光层的一部分）：半深海区域也被称为深海的微明区；或者是完全无光的深海区域。它的范围是从海面之下3 281至13 124英尺（1 000至4 000米）之处。

深海或深海水域（无光层的一部分）：深海属于完全黑暗的区域；区域范围是海面之下13 124至19 686英尺（4 000至6 000米）的位置。

超深海或超深渊带（无光层的一部分）：该区域在海洋的最深处，从海面之下19 686英尺（6 000米）开始一直延伸到海洋最低点马里亚纳海沟处（海面之下36 198英尺，或11 033米处）。这一区域完全没有光的存在。

▶ **海流会对生活在海洋中的生物产生影响吗？**

答案是肯定的。海洋中的许多生物都会受到海流的影响，这些影响甚至比那些生活在沿海海岸或者潮间带的生物所受到的更为巨大。每一股海流都有自己的密度、温度和盐度（咸味）。例如，沿着美国东海岸——从佛罗里达州到大西洋中部各州行进的墨西哥湾海流是已知最强劲的海流之一。

但是因为它将温暖的水一直运送到科德角北部，所以许多海洋生物——从浮游生物到鲸鱼，都生活在这股海流之中，或是附近的区域。海流也将沉淀物和营养物带到了海面之上，由此在海洋中制造了许多富含丰富鱼类的区域。

▶ **哪些生物生活在海洋光合作用带？**

海洋光合作用带（其开始于海洋表面并延伸到海面之下656英尺，或200米处），是海洋食物链的重要组成部分。大部分生活在这一位置的生物是微观浮游植物和浮游动物，小鱼、水母和一些较大的、以浮游生物为食的动物（例如须鲸）；反过来，这些小鱼又会被大一些的鱼类、海豹、鸟类，以及其他动物捕食。当生活在这一海域的生物死去的时候，它们的尸体会沉入海底。

▶ **哪些生物生活在中层和深层带？**

海洋的中层和深层带里没有真正意义上的植物存在，但却是众多海洋动物的安居之处。这些区域［范围分别从海面之下约656至3 281英尺（200至1 000米）处和海面之下3 281到13 124英尺（1 000至4 000米）处］是虾类、鱿鱼、章鱼和一些特定种类鱼群的安居之所。有些动物白天生活在这两个区域中的任一区域，然后在夜间垂直迁移到上面的透光层捕食猎物。

▶ 哪些生物生活在深海底带？

据知，在海洋的深海底带［深海海面之下13 124至19 686英尺（4 000至6 000米）的位置］没有能进行光合作用的植物生存。并且没有人真正知道在这个完全黑暗的区域中动物生存的真实状态。除去那些生活在火山口附近的动物，根据渔民从深海中捕获的动物来看，大多数生活在深海中的已知动物包括斧头鱼、灯笼鱼和鳗鱼。

▶ 深层带都居住着什么样的生物？

与深海底带类似，深层带（深度超过19 686英尺，或6 000米的位置）很少有动物生存——至少目前我们所知是这样。生活在这一位置的动物种类和数量仍然处于未知状态，因为这一深度属于地球表面的最深点，人类至今尚未能对其进行探索开发。

海洋火山口的生物群落

▶ 为什么热液喷口会被比作沙漠绿洲呢？

位于深海底的热液喷口通常被喻为"沙漠绿洲"——这是因为死气沉沉的深海里，只有在它的周围生命体能够茁壮成长。这些热液喷口实际上是火山的开口，来自地球深处超热的水从这里喷射出来。（这些水羽被称为黑烟囱）热液喷口周围的生态系统是地球上唯一不依靠太阳光为生存基础的系统。

热液喷口周围发现生命的本质是什么？

热液喷口周围存在着各种各样奇特的生命形式。例如，相互交织的白色管道内生活着蠕虫的部落；这些蠕虫有的长度达到了10英尺（3米），直径达到了4英寸（10厘米）。此外，这里还有着长度为10英寸（25厘米）的蛤类、奇特的帽贝、螃蟹、海葵、海蜘蛛、蹲龙虾、螨虫、虾，甚至还存在着几种鱼类。

▶ 什么样的动物居住在海洋火山口附近？

生命形式的群落，包括细菌、蟹、蛤、鱼和长度为10英尺（3米）的蠕虫已经在海洋深处的火山口附近区域被发现。在这里发现的大约300种生物中，97%属于新物种——它们不存在于海洋别的地方。

1977年由科学考察船"阿尔文"号上的探险家们发现了这样的一个火山热点。它位于厄瓜多尔西面大约500英里（805公里）处，海面下大约8 000英尺（2 438米）的位置。

▶ 生物是如何适应热液喷口环境的？

生物体为了适应火山口环境需要做出的最大改变是它们产生能量的方式。靠近海洋表面的植物们利用光合作用将阳光转换为能量（食物），这些植物也是海洋上层区域食物链的基础。但是在深海火山口的位置，位于食物链底部的生物享受不到任何的阳光。取而代之的是，它们依赖超级热的海水（从火山喷口喷发出来的）生存，这些超级热的海水中携带着化学和矿物颗粒——硫化氢和金属硫化物。正是这些元素为微生物的繁荣生长提供了充足的营养成分，同时微生物们又为其他热液喷口的居住者们提供了充足的食物。

这些生物是如何生活在这种环境下的呢？科学家们通过对火山口大型管

虫的研究为这一问题提供了部分答案。这种没有口腔或肠道的生物,身体组织里含有一种特殊的细菌。这种特殊的细菌通过一种被称为矿质化能营养(基于矿物质的自我供给过程)的过程,从火山口散发的硫化物中获取能量。通过这种方式,管虫将水中的营养物质转化为食物。火山口附近的藻丛和巨型蛤蜊身体内也有这些细菌;火山口附近其他的动物则直接以这些细菌为食。还有一些较大形体的生物依靠食用这些细菌的动物为食。

▶ 在热液喷口栖息的动物是如何在火山口之间穿梭往来的?

栖息在热液喷口的生物以奇特的旅行方式穿梭于火山口之间——它们被携带着穿梭于海底的火山口之间。距离海底几百英尺(几百米)的位置,由火山口中喷发出的巨大漩涡状羽流可以自由分散开来,在海底四散飘飞。这些四散飘飞的海水聚合体一般都携带着来自火山口的热量、化学物质以及火山口之间的动物们。

这种"行进的羽流"工作的原理是这样的:当来自火山口的热海水碰撞到火山口上冰冷的密度较高的海水时,热海水提升了浮力(因为热上升);由于热海水形成的羽流不断上升,直到最终与自己密度一致的海水汇合,然后平级扩散。研究者们假定羽流会保持这种平级扩散的状态,但是这种假定并不被认可,因为它没有考虑到地球实质是一个旋转的行星。有关羽流的已知数据一经输入到计算机模型中,科学家们就发现羽流也处于旋转状态,这也成为将其与周围水流区分开来的特征(换言之,水的本体是具有其自身属性的)。

在进一步的研究中,研究者们发现其中的一些羽流能够形成不同的旋转涡流(涡流或漩涡);而一些则从羽流中分离开来。根据这一信息,科学家们得出了结论:如果漩涡发生在海洋的热喷射口,它们也能够在海底"漫游",从而将被分解的化学物质和矿物质粒子从一个火山口输送到另一个火山口。

▶ 为什么生活在热液喷口的生物对于在太阳系其他部分生物的发现有着至关重要的意义?

科学家们正在寻找其他星球上的生命形式——这一寻找首先建立在对地

球生物理解的基础之上！在蒙特雷湾水族馆的一个巨大海藻森林里，研究人员们正在对一个新的科学探索（由国家航空航天局建立）进行测试，也许有一天这些研究结论可以用于寻找木卫二（木星的第六颗已知卫星）上的生命形式。在这一探索中所使用的设备可用于可控的富含有机物的水环境中。

美国国家航空航天局喷气推进实验室的罗希海底火山探测"使命"号将最终被送至夏威夷附近的水下火山口处，然后将由停泊在附近的潜水器操纵机械臂直接将它送入热液喷口内。

研究者们希望这一做法能够引导未来对于恶劣环境的探索——包括南极的沃斯托克湖，它的冰层延伸到了海面以下2.5英里（4公里）处，以及木卫二上的生存环境。科学家们希望通过这些探索能够找到他们需要的答案——木卫二上是否存在着火山口？如果存在，那么火山口附近的热水中是否存在简单的生物种群呢？如果它们确实存在，那么在太阳系中生存，是否存在任何温度或化学环境的限制？

深海生物群落

▶ 为什么科学家们对于深海环境知之甚少？

科学家们对于深海了解甚少的主要原因在于深海巨大的深度。因为随着深度的增加，水中的压力在增加，同时光线在减少，温度也在降低；由此探索这些区域需要特殊的设备。据估计，目前被探索过的海洋区域还不到整个海洋面积的5%，并且（从体积上来说）黑暗、寒冷的深海占了地球上80%的生存空间。

▶ 深海中的环境与海洋中上层的环境有何不同？

与海洋上层区域相比，海洋的深水区域有许多的不同：深海中存在极少的生命体；食物匮乏；压力高达上千个大气压；没有光线；含氧浓度不到海面上含氧浓度的十分之一；非常寒冷，温度一般在36℉（2℃）左右。

▶ 深海海底到底生存着多少生物？

由于人们只是近来才开始探索深海海底这一领域，所以目前没有人真正知道生活在海底最深处的生物数量。不过据估计，应该有100万种以上的生物生活在深海海底，并且有更多的物种等待着被发现。

◉ 为什么科学家们很难收集深海处的生物样本？

这一问题的主要原因是：深海动物所适应的环境（它们适应高压、低温、低氧的深海环境）与海面环境大不相同。所以，当它们离开自然的深海环境被收集至海面上时，很快就会发生腐败现象。

◉ 为何海洋的深海区域没有植物呢？

海洋的深海区域是没有植物的，因为植物的生存依赖光合作用，也就是将太阳光转换成能源的过程。但是，太阳光只能到达海面以下几百英尺（几百米）的深度。简而言之，深海区域实在是太过黑暗而无法让植物生存。不过，深海区域中还是可以发现植物的组织颗粒；这是因为居住在上层海域的植物死亡之后，它们的尸体在水流的作用下慢慢沉落到深海海底。（植物无法在深海生存的常规存在一个例外：深海区域的热液喷口生存着植物；在这里植物不是依靠光合作用生存，而是依赖从海底开口处喷溢出的营养物质。）

◉ 在海洋的深水区域发现了哪些动物？

在海洋深水区发现的奇怪动物之一是吉氏离颌鳗（Lipogenys gilli）。这种鱼用它没有牙齿的嘴吸进大量的深海软泥，然后用它很长的肠子来消化和提取其中的微小有机营养。

有时候深海还会迎来中层带居民的探访：这些生物大多属于垂直流动的移

民，如灯笼鱼科、虾、磷虾、鱿鱼和箭虫，它们不断地从一个区域移动到另一个区域，以期寻获更多的食物。

▶ 对于深海动物来说，什么是深海里最大的挑战？

虽然看起来显而易见，高压作用是深海水域动物们面临的最大挑战，但是事实却并非如此。深海动物已经适应了深海的高压环境，而且并不是通过任何身体上结构性的变化来适应。因为大多数鱼类都能够平衡内部和外部压力，它们所需要的仅仅是一种渐进性的微调系统。大多数鱼类体内的压力与体外海水的压力一致，因此，当这些鱼迁移到更深的水域时，它们只需要增加自身体内压力，就能适应新的外部环境。

深海真正的挑战是食品短缺。在这里，成功的捕食者会抓住任何猎物路经此地的机会。有些捕食者依靠从上方对居住者更为友好的环境中慢慢沉落下来的食物，包括尸体、海洋雪（如粪便、蜕皮一类的有机小颗粒），以及植物碎屑（碎片或腐烂的植物生命）。在这个充满竞争的世界里，为了生存，小鱼甚至捕食较大的鱼类。例如，相较瘦小的身躯，鳗鱼巨大的头部可以帮助其吞咽体积较大的鱼类。黑色龙鱼细长钉状的牙齿可以帮助它将捕获的猎物牢牢地控制在口中。而一种被称为"巨型吞咽者"的生物则可以捕获巨量的食物，因为它的胃和体壁有足够的弹性可以膨胀。

▶ 深海动物是如何为了适应环境而改变自身颜色的？

深海鱼的颜色往往是暗色的（黑色或红色）——这种颜色使它们融入周围阴暗的环境之中。不过有些深海鱼类保持着白色的特性，无脊椎动物则往往是红色或无色。

此外，许多深海居民已经进化出了自身发光的能力（通过生理过程制造发光现象）。

▶ 深海动物是如何为了适应环境而改变自身尺寸的？

深海动物并不总是和电影里描绘的深海生物一样——巨大而且充满威胁

性。现实生活中的深海居民大多体型娇小。当然，世界上的事情都是存在例外的——深海也存在巨型乌贼等足类动物、虾和海胆（此外，在热液喷口处还生活着巨蛤和巨型管状蠕虫）。之所以大多数生活在深海处动物都属于小型动物，是因为缺乏食物；大型动物在这里无法得到足够的食物。此外，深海居住者的新陈代谢过程比较缓慢，因此它们身体的发育也相对缓慢。

▶ 深海动物是如何为了适应环境而对自身视觉能力进行改变的？

深海动物通常都有非常小的眼睛或者属于全盲状态。不过其中一些只是从我们的角度来看属于全盲状态。例如，深海中某些虾类属于全盲状态，但是它们可以"看"到热液喷口。

▶ 深海动物是如何为了适应环境而对自身状况进行调整改变的？

大多数深海鱼的肌肉都比较虚弱和松弛，而且一些深海鱼没有通常用于帮助鱼类游泳的鱼鳔（或者只有一个小小的鱼鳔）。取而代之的是由水密度提供浮力。有些动物进化了之后，它们的颌骨可以张开得更大，从而能捕获更大的猎物；而有的动物有了可扩展的胃，从而可以吞食更大的猎物。这些动物通常有着骨化不良的骨骼（换句话说它们骨头的强度不够），没有鱼鳞，身体组织里有高含量的水分。很多深海动物进化出了生物发光的能力，用以吸引配偶和猎物。

▶ 深海动物如何根据环境特性来调整自己的繁殖特性？

通常来说，深海动物有几种方式来进化和发展自身的繁殖特性。这种进化和发展的原则基础是一致的，只不过实践方式有所不同而已。例如，许多深海动物只选择一个伴侣进行繁殖，这是因为在深海里很难再找到第二个伴侣；一些则使用生物发光的方式（在黑暗中发光的生理能力）在深海中寻找自己的繁殖伴侣。其他的则使用寄生方式来解决自身繁殖问题——一些雄性生物寄生在雌性身上，然后通过雌性的荷尔蒙来控制雌性的性功能。

▶ 为什么有些深海动物会发光？

有些深海动物用来适应环境的方式是生物发光，或是利用自然光线来完成自身发光。在大多数情况下，光由存在于动物身体组织中的细菌生成。科学家认为，生物在黑暗中发光的原因有很多种，其中包括：

破坏自身轮廓的完整性，所以不容易被捕食性天敌看到；

躲避捕食性天敌；

吸引猎物（容易被光吸引的其他生物）；

沟通；

让伴侣，或者说潜在的伴侣看到它们；

物种识别。

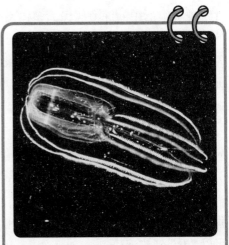

这种学名为叶形栉水母的、具有生物性发光能力的鱼类，在海水中发出青色的光芒。（NOAA/OAR，国家海底研究计划）

▶ 为什么鲸鱼对深海如此重要？

一些科学家认为，鲸鱼尸体可能是了解动物在深海如何生存的关键之一。在他们的推论里，腐烂的鲸鱼尸体可以提供重要的营养物质，甚至还是帮助生物迁移，跨越深海底的"垫脚石"。

如果这一推论是真实的，那么鲸鱼的尸体就能为科学家们提供了解深海生物进化的有效线索。

▶ 细菌生活在深海里吗？

答案是肯定的——确实有细菌生活在深海里。科学家们知道，有些细菌就居住在热液喷射口附近（火山开口，超热的水由此处从地球深处喷出来）；同时他们也知道一些下沉到海底的海洋动物尸体不仅仅被其他的深海动物吃掉，同时也会被细菌分解掉。

▶ **在过去的一个世纪里,关于深海鱼的什么发现让科学家们大吃一惊?**

在20世纪,科学家们非常惊讶地发现了那些被认为已经灭绝的鱼类其实正在我们的海洋中生活着。有"活化石"之称的腔棘鱼(SEE-la-kanth),它具有三叶形的尾部和臂状根部的鱼鳍。这种鱼类第一次活着被发现是在1938年的马达加斯加海岸;之后还发现了很多,包括1999年发现的,可能属于这一类鱼中的新物种。

译者感言 ▪▪▪

海洋，一个让我从小就魂牵梦萦的词汇。

闭上眼睛，让"海洋"这个词汇涌入脑海，呈现的是一幅幅感性的画面。海洋是辽阔的，无尽的海面给人开阔的胸怀；海洋是绚丽的，水下斑斓的海洋生物让人仿佛置身天堂；海洋是可畏的，幽深黑暗的深渊和狂暴的风浪教会人类渺小的感觉；海洋是开放的，古往今来无数勇士在乘风破浪中书写了英雄的诗篇。

在这诸般具体的形象背后，我们该如何理性地认识海洋呢？如何认识覆盖地球70%表面，并赋予了地球蔚蓝色，孕育了世间所有生命的母体？如何认识那海面上、海水中、海深处、海岸边每时每刻的风吹云动、沧海桑田、鸟翔鱼潜？如何认识千百年来人们与大海休戚与共、同生共处的活动？我们需要一本书，一本包罗万象但又生动明晰的知识读本，来告诉我们关于海洋的一切。

幸运的是，我发现了这本《海洋中的生命》，一本厚重、丰富、朴实而又诚恳的科普读物。本书的两位作者是知名的国际海洋专家，他们把自己对海洋的研究和对海洋的热爱倾注在书籍中，用问答方式探究了海洋知识的方方面面，从海洋的地质形态到海洋的生物再到人类和海洋的关系，为读者勾勒出现代海洋学的完整图景。这本书的内容之丰富、架构之宏大、细节之具体，让人如同潜游在大堡礁的海底珊瑚中，乐而忘返。如果读者真的有毅力从头到尾把它读完，那你俨然是半个海洋专家，即使随时拿起来翻开几页，里面有趣的内容也足以让你在和朋友漫步海滩时侃侃而谈，赢得羡慕的眼光。

诚然，作为一个纯粹出于爱好的文科生，翻译这本科普书籍的艰辛过程不啻麦哲伦的首次环球航行。大量的专业词汇和背景知识需要额外的学习和研究，还记得为了搞清楚书中所说的早期航海家记录船速的仪器如何工作，花了几天工夫到处寻找文物图片；为了准确区分描绘海底地貌不同结构的中文术语，终日嘴里念念有词、食不知味。

辛勤总有回报，收获知识的喜悦往往来自意料之外。在翻译海洋地质结构的那段时间里，我对地壳、热流、漂移等专业词汇耳熟能详。有次在工作中与一位美国著名的国际问题专家对谈，当他解读地缘政治局势时，嘴里冒出"板块"这个词，我脑子里顿时闪过一道澄明的电光，不禁暗自窃喜。也曾经在旅行中来到美国北卡罗来纳州大西洋海岸，亲眼见到书中描绘的潮间带、沿海沙垄、滨线、沙洲等景物，鲜活地展现在眼前、脚下，那种满足和激动的心情难以言表。

尤其值得一提的是，翻译本书的时间，也正是女儿从孕育到呱呱坠地的时间，这两个过程如此奇妙地结合在一起，以至于现在回忆起等待做父亲的焦急心情和怀抱新生儿的忙乱狼狈时，脑子里总是不经意地穿插出各种海洋知识的背景图片。妻子总是说，这本书就是送给女儿的出生礼物，希望她能早早分享父亲对大海的无限热爱。所幸，小小年纪的女儿在面对大海时所表现出来的向往和快乐足以让我感到欣慰。

其实，人类发展到现在相比地球漫长的演化时间，仿若仍处于人生的幼儿期，衷心希望人类能对我们身边的这片蔚蓝天地始终保持着兴趣和热爱，像拥抱父母一样去拥抱海洋，拥抱自然。

这是翻译完这本书后，我发自内心的最强烈的愿望。

最后，要深深感谢我的合作译者——爱妻侯新鹏，以及侯鲲、谢补天等一众好友提供的各种信息和帮助。此外，也感谢我的岳父侯作亭、岳母姜宝兰、父亲曹春元、母亲李滢，是他们的帮助让我们得以有闲暇完成这本书的翻译。当然，还得感谢宝贝女儿曹霁暄（乖乖），没有她，我们也不会有动力努力地翻译这本书——希望她长大后能充分享受这份来自爸妈的礼物！

曹蕾于美国华盛顿

2016年8月16日